PETIT MÉMENTO

DE CHIMIE

A L'USAGE

Des candidats au Baccalauréat ès lettres

PAR

P. BANET-RIVET

AGRÉGÉ DES SCIENCES PHYSIQUES
PROFESSEUR AU LYCÉE CHARLEMAGNE

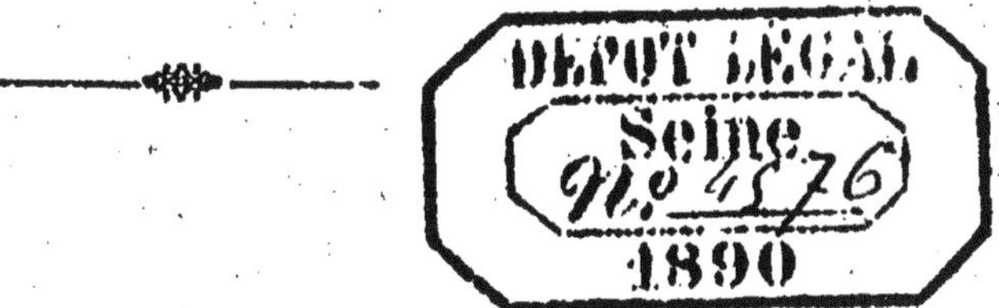

PARIS

LIBRAIRIE CROVILLE-MORANT
20, RUE DE LA SORBONNE, 20

1890

PETIT MÉMENTO

DE CHIMIE

PETIT MÉMENTO DE CHIMIE

DÉFINITIONS

1. Objet de la chimie. — Etude des corps simples et des combinaisons qu'ils forment entre eux.

2. Corps simples ou Éléments. — Corps *indécomposables*, c'est-à-dire dont on n'a pu retirer actuellement qu'une seule espèce de matière.

Au nombre de 67.

Remarque. — Les corps simples ne sont pas transformables les uns dans les autres.

3. Corps composés. — Corps que l'on peut *décomposer*, c'est-à-dire dont on peut retirer un certain nombre de corps simples. Résultent de la *combinaison chimique* des corps simples entre eux.

4. Analyse. — Opération par laquelle on décompose un corps composé en ses éléments.

5. Synthèse. — Vérification de l'analyse. Opération par laquelle on reforme un corps composé à l'aide des éléments obtenus par l'analyse.

COMBINAISONS CHIMIQUES. — LEURS LOIS

6. Définition de la combinaison. — Union de deux ou plusieurs corps, produisant un corps nouveau qui diffère profondément, par ses propriétés, des corps qui l'ont formé.

7. Phénomènes thermiques qui accompagnent la combinaison. — 1° Il y a *dégagement de chaleur* : la combinaison est *exothermique*.

Exemple. — Toutes les *Combustions*.

2° Il y a *absorption de chaleur* : la combinaison est *endothermique*.

Exemple. — Combinaison du carbone avec l'azote (synthèse du cyanogène), avec l'hydrogène (synthèse de l'acétylène).

8. Phénomènes thermiques qui accompagnent la décomposition. — Si le corps est le produit d'une combinaison exothermique, il faut, pour le décomposer, lui fournir une quantité de chaleur égale à celle qu'il a dégagée en se formant.

S'il est le produit d'une combinaison endothermique, sa décomposition dégage une quantité de chaleur égale à celle qu'il avait absorbée en se formant. De là, les propriétés explosives des composés endothermiques : cyanogène, acétylène, oxydes de l'azote, poudres brisantes, etc.

9. Distinction entre la combinaison et le mélange. — La combinaison est *toujours accompagnée d'un dégagement ou d'une absorption de chaleur*. Elle est soumise à des lois numériques, et elle produit un corps nouveau qui diffère profondément, par ses propriétés, des corps qui l'ont formé (§ 54).

Le mélange n'est accompagné d'aucun phénomène thermique. Sa formation n'est soumise à aucune loi numérique, et le corps qui en résulte possède les propriétés des corps constituants (§ 69).

10. LOIS DES COMBINAISONS. **Loi de la conservation de la matière pesante** (Lavoisier, 1786). — *Rien ne se perd, rien ne se crée,* d'où la *Loi des poids:*

Le poids d'un composé est égal à la somme des poids des composants.

11. Loi des proportions définies (Proust, 1800). — *Deux corps, pour former un même composé, se combinent toujours dans le même rapport en poids.*

Exemple. — Pour former du gaz acide carbonique, le carbone et l'oxygène se combinent toujours dans le rapport de 6 parties en poids de carbone à 16 d'oxygène.

Deux corps peuvent d'ailleurs former plusieurs composés.

Exemple. — 6 parties en poids de carbone, unies à 8 d'oxygène seulement, donnent du gaz oxyde de carbone au lieu de gaz acide carbonique.

Dans ce cas, leurs combinaisons obéissent à la *Loi des proportions multiples.*

12. Loi des proportions multiples (Dalton, 1808). — *Quand deux corps forment plusieurs composés, les divers poids de l'un qui se combinent avec un même poids de l'autre sont entre eux dans des* *rapports simples*, exprimés par les nombres 1, $\frac{3}{2}$ 2, 3, 4, 5, 6, etc.

Exemple. — Les *Oxydes de l'azote* (§ 71).

13. Lois des volumes (Gay-Lussac, 1808). — *1° Quand deux gaz se combinent, les volumes des composants sont entre eux dans un rapport simple. 2° Le volume du composé formé, mesuré à l'état gazeux, est dans un rapport simple avec celui des composants.*

Généralement ces volumes sont les suivants :

Composants	Composé	Contraction
1 et 1	2	0
1 et 2	2	$\frac{1}{3}$
1 et 3	2	$\frac{1}{2}$

Exemple. — 1 vol. de chlore uni à 1 vol. d'hydrogène donne 2 vol. de gaz acide chlorhydrique.

1 vol. d'oxygène uni à 2 vol. d'hydrogène donne 2 vol. de vapeur d'eau.

1 vol. d'azote uni à 3 vol. d'hydrogène donne 2 vol. de gaz ammoniac.

Remarque. — Toutes les lois précédentes s'appliquent aussi bien aux corps composés qu'aux corps simples.

Exemple. — Carbonate de soude : formé de soude et d'acide carbonique unis dans le rapport de 31 parties de soude à 22 d'acide carbonique. — Bicarbonate de soude : formé de soude et d'acide carbonique unis dans le rapport de 31 parties de soude à 44 d'acide carbonique.

NOMBRES PROPORTIONNELS. ÉQUIVALENTS

14. Définition des nombres proportionnels.
— Expriment les *rapports pondéraux* suivant lesquels les corps (simples ou composés) se combinent
entre eux.

Exemple. — 6 est le nombre proportionnel du
carbone, 8 et 16 ceux de l'oxygène (§ 11).

En choisissant arbitrairement l'un des termes de
ces rapports, tous les autres termes seront, par
cela même, déterminés.

15. Équivalents. — Nombres proportionnels
des corps (simples ou composés), déterminés par
rapport à celui de l'hydrogène, pris pour unité.

Remarque 1. — Lorsqu'un même corps possède
plusieurs nombres proportionnels par rapport à 1
d'hydrogène, on choisit un de ces nombres, le plus
simple, comme *Nombre proportionnel proprement
dit* ou *Équivalent du corps*.

Exemple. — Entre 8 et 16, nombres proportionnels de l'oxygène rapportés à 1 d'hydrogène, on
choisit 8 pour équivalent de l'oxygène.

Remarque 2. — D'après la loi des poids, *l'équivalent d'un corps composé* est égal à la somme des
équivalents des corps simples qui le constituent (§ 26).

NOMENCLATURE CHIMIQUE

16. Définition. — Ensemble des règles adop-
tées en 1787 pour désigner les corps que la Chimie
étudie.

17. Corps simples. — Ont des noms arbitraires. Deux groupes :

I. *Métalloïdes.* — Corps simples, ayant peu d'éclat, mauvais conducteurs de la chaleur et de l'électricité, *ne donnant jamais de bases* en se combinant avec l'oxygène.

Au nombre de 15. Divisés en quatre *familles*.

MÉTALLOIDES ET LEURS ÉQUIVALENTS

1re Famille

Fluor	Fl	14
Chlore	Cl	35,5
Brome	Br	80
Iode	Io	127

3e Famille

Azote	Az	14
Phosphore	Ph	31
Arsenic	As	85

2e Famille

Oxygène	O	8
Soufre	S	16
Sélénium	Se	40
Tellure	Te	64

4e Famille

Carbone	C	6
Bore	Bo	11
Silicium	Si	14

Hydrogène . . . H . . . 1

Remarque. — L'hydrogène, *métal gazeux*, est classé à part.

II. *Métaux.* — Corps simples, doués de *l'éclat métallique*, bons conducteurs de la chaleur et de l'électricité, *donnant toujours au moins une base* en se combinant avec l'oxygène.

Au nombre de 62. Divisés en sept *sections*.

PRINCIPAUX MÉTAUX ET LEURS ÉQUIVALENTS

1re Section

Potassium . . . K . . . 39
Sodium. . . . . Na . . 23
Calcium . . . . Ca. . . 20
Baryum . . . . Ba. . . 68,5

2e Section

Magnésium . . Mg . . 12
Manganèse . . Mn . . 27,5

3e Section

Fer. . . . . Fe. . . 28
Nickel . . . . . Ni. . . 29,5
Chrome . . . . Cr. . . 26
Zinc . . . . Zn . . 33

4e Section

Etain . . . . . . Sn. . . 59
Antimoine . . Sb. . . 120

5e Section

Cuivre . . . . Cu. . . 31,5
Plomb. . . . . Pb. . . 104
Bismuth . . . Bi. . . 212

6e Section

Aluminium . . Al. . . 14

7e Section

Mercure. . . . Hg . . 100
Argent. . . . . Ag . . 108
Or. . . . . Au . . 98,2
Platine . . . . Pt . . 99,5

18. Nomenclature des Corps composés. — Appelés *binaires*, s'ils résultent de la combinaison de deux corps simples; *ternaires*, s'ils résultent de la combinaison de trois corps simples, etc.

19. Composés oxygénés. — Composés dans la constitution desquels entre de l'oxygène. Se divisent en *Oxydes* (composés binaires) et en *Sels* (composés ternaires).

1° *Oxydes-acides* ou *Oxacides* ou *Acides proprement dits*. — Corps composés, *à saveur acide, rougissant la teinture bleue de tournesol, susceptibles de se substituer à un autre acide* dans sa combinaison avec une base (§ 204).

Principaux acides oxygénés : Acides sulfurique, azotique, carbonique, phosphorique, sulfureux, silicique, etc.

2° *Oxydes-basiques* ou *Bases*. Corps composés, *ramenant au bleu la teinture de tournesol* rougie par un acide, *susceptibles de se substituer à une autre base* dans sa combinaison avec un acide.

Principales bases oxygénées : Potasse, soude, ammoniaque (composé ternaire), chaux, baryte, etc. (1).

3° *Oxydes neutres*. — Ni acides, ni bases.

Exemple. — Oxyde de carbone.

4° *Sels*. — Corps composés, résultats de la combinaison d'un acide avec une base, souvent *sans action sur la teinture de tournesol*.

Exemple. — Azotate de potasse, résultat de la combinaison de l'acide azotique avec la potasse.

20. Composés non oxygénés. — Se divisent aussi en *Acides, Bases, Corps neutres* et *Sels*.

Remarque. — *Toute base*, oxygénée ou non, *est un composé métallique*, c'est-à-dire résulte de la combinaison d'un métal avec l'oxygène ou avec tout autre métalloïde.

21. Nomenclature des composés oxygénés.

1° *Acides*. — Si le corps simple (métalloïde ou métal) ne forme qu'un seul acide, emploi de la terminaison *ique :*

Acide carbon-ique.

S'il en forme deux, emploi de la terminaison *eux* pour le moins oxygéné, *ique* pour le plus oxygéné :

Acide sulfur-eux,
Acide sulfur-ique.

1. La potasse, la soude et l'ammoniaque sont appelées *bases alcalines*, à cause de leur saveur.

S'il en forme plus de deux, emploi des préfixes *hypo* et *per* :

Acide   hypo-chlor-eux   moins oxygéné que
Acide   chlor-eux   —
Acide   hypo-chlor-ique   =
Acide   chlorique   —
Acide   per-chlor-ique.

2° *Bases et Corps neutres.* — S'appellent *oxydes de M.*, *M.* étant le nom du métal ou du métalloïde. Emploi des préfixes *proto*, *bi*, *sesqui*, etc., indiquant ordinairement la présence, dans le corps, de $1, 2, \frac{3}{2}$, etc. équivalents d'oxygène pour 1 équivalent du métal ou du métalloïde.

Prot-oxyde de manganèse. .   1   équiv. d'oxygène
Bi-oxyde de manganèse. . .   2   »
Sesqui-oxyde de manganèse. $\frac{3}{2}$ »

Remarque. — Par exception, on dit :

Potasse pour Oxyde de potassium
Soude   —   —   sodium
Chaux   —   —   calcium, etc., etc...

3° *Sels.* — On nomme l'acide le premier, en changeant *ique* en *ate*, *eux* en *ite*, puis on nomme la base (1), rattachée à l'acide par la particule *de* :

Azot-ate d'oxyde d'argent   { Acide azotique.
                             { Oxyde d'argent.

Sulf-ite de soude. . . . .   { Acide sulfureux.
                             { Soude.

1. L'acide détermine le *genre* d'un sel. La base en détermine l'*espèce*.

Remarque 1. — Devant le nom de l'acide, les préfixes *bi*, *sesqui*, *tri*, etc., indiquent aussi l'existence de 2, $\frac{3}{2}$, 3, équivalents d'acide pour 1 équivalent de base.

Bi-carbonate de soude . $\left\{\begin{array}{l} \text{2 équiv. d'acide carbonique.} \\ \text{1 équiv. de soude.} \end{array}\right.$

Remarque 2. — Par abréviation, on supprime, en nommant le sel, le mot *oxyde*.

Azotate d'argent pour azotate d'oxyde d'argent.
Sulfate de zinc   — sulfate d'oxyde de zinc.

22. NOMENCLATURE DES COMPOSÉS NON OXYGÉNÉS. 1°. *Acides.* Emploi de la terminaison *ique*. On nomme le premier l'élément électro négatif (1).

Acide sulf-hydr-ique.
   — fluor-hydr-ique.
   — chlor-hydr-ique.

Remarque. — Ces trois acides, formés par de l'hydrogène, et où n'entre pas d'oxygène, font partie de la catégorie d'acides appelés *Hydracides.*

2° *Bases et corps neutres.* — Emploi de la terminaison *ure* pour l'élément électro-négatif (nommé toujours le premier), ainsi que de la particule *de* :

Chlor-ure de sodium.
Sulf-ure de cuivre.

1. La décomposition d'un corps, dissous ou fondu, par un courant électrique, s'appelle *électrolyse*. L'élément qui, dans cette décomposition, se dégage sur l'électrode *positive* s'appelle élément *électro-négatif* : l'élément qui se dégage sur l'électrode négative s'appelle élément *électro-positif.*

Emploi des préfixes *proto, bi, tri, sesqui*, etc. :

Bi-chlorure d'étain. . . . contenant 2 équiv. de chlore.
Proto-chlorure d'étain. . — 1 équiv. de chlore.

3° *Sels*. — Mêmes règles de nomenclature que pour les sels oxygénés.

23. Composés divers. — 1° *Alliages*. Corps résultant de la combinaison de plusieurs métaux.
2° *Amalgames*. Alliages où entre du mercure.
3° *Hydrates*. Combinaisons des corps avec l'eau.
4° *Sels hydratés*. Sels combinés avec l'eau.

NOTATIONS CHIMIQUES

24. Corps simples. — Représentés par des *symboles* formés avec l'initiale de leur nom, initiale à laquelle on ajoute une seconde lettre du nom, lorsque plusieurs corps simples possèdent la même initiale.

C . . . symbole du carbone.
Cl . . . — chlore.
Cu . . — cuivre.
Ca . . — calcium.

Ces symboles représentent, en même temps, 1 *équivalent* du corps, exprimé en grammes (1).

H représente . . . . 1 gr. d'hydrogène.
O » . . . . 8 » d'oxygène.
C » . . . . 6 » de carbone.
Cl » . . . . 35, 5 de chlore.

(Voir le *Tableau des équivalents*.)

1. C'est par convention que l'équivalent est exprimé en *grammes*. On pourrait, évidemment, l'exprimer en fonction de n'importe quel autre poids, choisi comme *unité de poids*.

Remarque. — Pour quelques corps, le symbole n'est pas formé de l'initiale du nom :

Potassium	K.
Sodium.	Na.
Etain	Sn.
Mercure	Hg.
Or.	Au.

25. Corps composés. — Représentés par des *symboles* ou *formules*, réunion des symboles des corps simples qui les constituent.

Si le composé contient plusieurs équivalents d'un même corps simple, leur nombre est indiqué par un *exposant* placé à la tête du symbole du corps simple.

S'il est *binaire*, l'élément électro-positif, que l'on nomme le dernier, s'écrit le premier.

Sesquioxyde de fer . . Fe^2O^3 $\begin{cases} 2 \text{ équiv. de Fer.} & + \\ 3 \text{ équiv. de O.} & - \end{cases}$

Trichlorure d'arsenic . . $As\,Cl^3$ $\begin{cases} 1 \text{ équiv. de Arsenic.} & + \\ 3 \text{ équiv. de Cl.} & - \end{cases}$

Si c'est un *sel*, on écrit d'abord le symbole de la base (nommée la dernière), puis le symbole de l'acide, séparé du premier par une *virgule*.

Sulfate de zinc.	ZnO, SO^3.
Bicarbonate de soude . . .	$NaO, 2CO^2$.
Azotate de cuivre.	CuO, AzO^5.

26. Equivalent d'un corps composé. (Calcul). — Soit, par exemple, le sulfate de zinc :

$$ZnO, SO^3,$$

sel composé de :

Oxyde de zinc.	$ZnO,$
Acide sulfurique.	$SO^3,$

D'après le tableau (§ 17), comme $Zn = 33$, $O = 8$, on a,

$$ZnO = 33 + 8 = 41.$$

De même,

$$SO^3 = 16 + 24 = 40,$$

puisque $S = 16$, $O^3 = 24$. Par suite, l'équivalent cherché est :

$$41 + 40 = 81.$$

Remarque. — On voit que 81 grammes de sulfate de zinc contiennent 41 grammes d'oxyde de zinc, 40 grammes d'acide sulfurique ; *ou encore*, que 81 grammes de sulfate de zinc contiennent 33 grammes de zinc, 32 grammes d'oxygène, 16 grammes de soufre.

D'où, *par une règle de trois*, la *Composition centésimale* du sulfate de zinc :

$$100^{gr.} \text{ sulf. de zinc.} \begin{cases} 50^{gr.},6 \text{ ox. de zinc.} \\ 40^{gr.},4 \text{ ac. sulfur.} \end{cases} \begin{cases} 40^{gr.}, 74 \text{ zinc.} \\ 19^{gr.},75 \text{ soufre.} \\ 30^{gr.}, 51 \text{ oxygène.} \end{cases}$$

27. ÉGALITÉS CHIMIQUES. — Formules représentatives des réactions chimiques.

Exemple. — Sachant que la combustion complète du gaz acide sulfhydrique (HS) donne du gaz acide sulfureux (SO^2) et de la vapeur d'eau (HO), la formule représentative de la réaction est :

$$HS + 3O = HO + SO^2.$$

Remarque 1. — Comme (voy. *Tableau des Equiv.*) $HS = 17$, $3O = 24$, $HO = 9$, $SO^2 = 32$, cette formule montre : 1° que pour brûler 17 grammes d'acide sulfhydrique il faut 24 grammes d'oxygène ; 2° qu'il se forme alors 9 grammes de vapeur d'eau et 32 grammes d'acide sulfureux.

Remarque 2. — Une formule chimique n'est exacte que si tous les corps qui contribuent à la réaction se retrouvent dans le second membre de la formule, avec le même nombre d'équivalents.

Exemple. — La réaction précédente est inexactement représentée par la formule

$$HS + O = HO + SO^2,$$

car son premier membre ne renferme que 1 équiv. d'oxygène, tandis que le second en renferme 3.

Cependant, la formule

$$HS + O = S + HO,$$

serait encore ici inexacte, puisque le soufre, totalement changé en acide sulfureux (SO^2), n'est pas un des produits de la réaction.

28. Noms vulgaires et formules de quelques composés chimiques.

Protoxyde d'hydrogène. .	HO	Eau.
Acide sulfurique	SO^3, HO	Huile de vitriol.
» azotique	AzO^5, HO	Ac. nitrique, eau forte.
» chlorhydrique. . .	HCl	Esprit de sel, acide muriatique.
» silicique.	SiO^2	Silice, quartz, sable, grès.
Ammoniaque.	AzH^3, HO	Alcali volatil.
Hydrate de sesquioxyde de fer	Fe^2O^3, HO	Rouille.
Chlorure de sodium. . .	$NaCl$	Sel de cuisine, sel marin, sel gemme.
Carbonate de potasse. . .	KO, CO^2	Potasses du commerce.
Azotate de potasse. . . .	KO, AzO^5	Salpêtre, nitre.

Carbonate de soude . . .	NaO, CO^3	Soudes du commerce.
Carbonate de chaux . . .	CaO, CO^2	Craie, marbre, calcaire.
Sulfate de chaux.	CaO, SO^3	Plâtre.
Silicate d'alumine	Al^{2}O^3, SiO^2	Kaolin, argile pure.
Alliag. de cuiv. et d'étain.	»	Bronzes.
» de cuiv. et de zinc.	»	Laitons.

OXYGÈNE
Symbole : O. — Equiv.: 8.

29. Historique. — Découvert simultanément par Priestley et Scheele (1784). Étudié par Lavoisier (1776) qui le *retira indirectement de l'air* (§ 65), et en montra le rôle dans la Combustion et la Respiration.

30. Etat naturel. — Forme le $\frac{1}{5}$ du volume de l'atmosphère, les $\frac{8}{9}$ du poids de l'eau. A l'état de combinaison dans la plupart des substances minérales et organiques, forme, à très peu près, les 50 0/0 de la croûte terrestre.

31. Préparation. — Se retire des *oxydes métalliques* (oxyde rouge mercure, bioxyde de manganèse) et des *sels oxygénés* (chlorate de potasse) décomposables par la chaleur (1). — Se recueille sur l'eau (2).

1° *Calcination de l'oxyde rouge de mercure* (Lavoisier). Voir § 65.

2° *Calcination du bioxyde de manganèse* (MnO^2).

1. On pourrait le retirer de *l'eau* en la décomposant par un courant électrique (§ 50).

2. Tout gaz peu soluble dans l'eau, et sans action chimique sur ce liquide, se recueille sur la cuve à eau. Tout gaz très soluble dans l'eau, se recueille sur la cuve à mercure, à moins qu'il n'attaque ce métal.

Cornue en grès chauffée au rouge dans un fourneau à réverbère (fig. 1) :

$$3\,MnO^2 = 2O + Mn^2O^4.$$

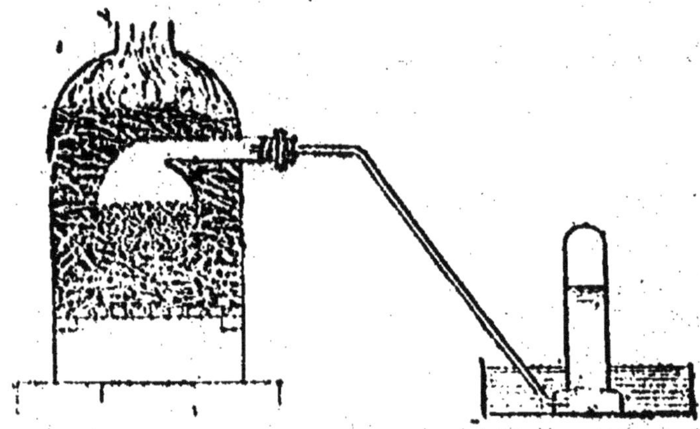

Fig. 1. — Préparation de l'oxygène par calcination du bioxyde de manganèse.

Résidu : *oxyde brun* de manganèse (Mn^2O^4). Le bioxyde (MnO^2) est *noir*.

3° *Calcination du chlorate de potasse* (KO, ClO^5). Cornue ou ballon en verre peu fusible (fig. 2) :

$$KO, ClO^5 = 6O + KCl.$$

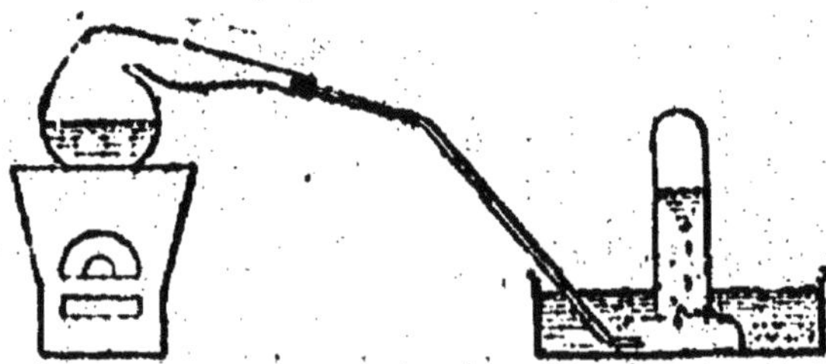

Fig. 2. — Préparation de l'oxygène par calcination du chlorate de potasse.

Résidu : chlorure de potassium (KCl).

Il est nécessaire, pour avoir un dégagement régulier, de mélanger au chlorate de potasse un peu d'oxyde brun de manganèse (Mn^2O^4).

32. Propriétés physiques. — Gaz incolore, inodore, insipide. — d = 1, 106. Poids du litre = 1gr· 3 × 1,106 = 1gr·, 43(1). — Très peu soluble. Liquéfiable (2) à — 184° (3).

33. Propriétés chimiques. — Gaz *comburant*, c'est-à-dire *entretenant la combustion*, dont il est l'agent actif et essentiel. En effet : 1° il rallume une allumette présentant quelques points en ignition ; 2° il donne aux combustions un éclat qu'elles n'ont point dans l'air, à cause de la présence de l'azote ; 3° il brûle facilement des corps qui ne brûlent pas ou ne brûlent que difficilement dans l'air : gaz ammoniac (AzH^3), fer, etc.

34. Rôle et propriétés physiologiques. — Agent actif et essentiel de la respiration et de toutes les fermentations (§ 70). Sous forte pression, il est vénéneux.

35. Usages. — Employé en médecine pour *inhalations*. Utilisé pour la production des hautes températures (§ 200).

1. La densité d'un gaz étant toujours rapportée à celle de l'air prise pour unité, il en résulte que le poids de 1 litre d'un gaz ou d'une vapeur, à 0° et sous la pression normale de 760mm de mercure, est égal au poids du litre d'air 1gr· 3, à 0° et sous la pression 760mm, multiplié par la densité du gaz ou de la vapeur.

2. L'oxygène faisait partie, avec l'azote, l'hydrogène, le bioxyde d'azote, l'oxyde de carbone et le formène, des six gaz appelés *permanents*, gaz très peu solubles, que Faraday n'avait pu liquéfier et qui l'ont été par MM. Cailletet et Pictet (1877).

3. Le point de liquéfaction donné ici est le point de liquéfaction sous la pression atmosphérique. De même, pour tous les autres gaz.

COMBUSTION

36. Historique. — Phénomène chimique dont la théorie exacte est due à Lavoisier (1776).

37. Théorie de la combustion. La combustion d'un corps dans l'air résulte de sa combinaison avec l'oxygène de l'air. En effet, une fois la combustion terminée, on constate qu'il y a eu absorption de l'oxygène de l'air, et que le poids du produit de la combustion est toujours égal à la somme des poids du combustible et de l'oxygène absorbé. D'ailleurs, dans l'air privé d'oxygène, pas de combustion possible.

Donc, *combustion est synonyme d'oxydation* (1). Donc, la combustion n'est qu'une combinaison chimique, combinaison toujours exothermique.

38. Différents modes de combustion. — La combustion est *vive*, si elle a lieu avec dégagement de chaleur et de lumière, avec ou sans flamme (§ 199).

Exemple. — Combustions ordinaires (§ 39).

Lente, si elle a lieu sans dégagement apparent de chaleur :

Exemples. — 1° *Respiration des animaux*, avec production de vapeur d'eau (HO), qui se condense sur un corps froid (une glace), et d'acide carbonique (CO^2) qui trouble l'eau de chaux (§ 161). — 2° Oxydation à l'air humide, du fer, qui devient *rouille* ou hydrate de sesquioxyde de fer (Fe^2O^3,HO).

1. Le combustible est l'élément électro-positif; l'oxygène, ou, plus généralement, le comburant, est l'élément électro-négatif.

— 3° *Oxydation du phosphore, à l'air, avec phosphorescence, et production d'acide phosphoreux* (PhO^3).

39. Produits de la combustion vive.

1° *Le combustible est un corps simple.* — *Hydrogène :* vapeur d'eau (HO) :

$$H + O = HO$$

C'est le corps qui, *à poids égal*, donne le plus de chaleur en brûlant (1).

Carbone : gaz acide carbonique (CO^2) :

$$C + 2O = CO^2.$$

Phosphore : acide phosphorique solide (PhO^5) :

$$Ph + 5O = PhO^5.$$

Soufre : gaz acide sulfureux (SO^2) :

$$S + 2O = SO^2.$$

Fer : oxyde magnétique de fer (Fe^3O^4) :

$$3 Fe + 4O = Fe^3O^4.$$

Magnésium : magnésie (MgO) :

$$Mg + O = MgO.$$

Remarque. — Les métalloïdes, en brûlant dans l'oxygène, donnent des acides ; les métaux, des bases, généralement.

2° *Le combustible est un corps composé.* — Si tous ses éléments sont combustibles, tous brûlent :

Exemple. — Combustion du gaz acide sulfhydrique (HS) :

$$HS + 3O = HO + SO^2.$$

1. 1 gr. d'hydrogène, en se combinant avec 8 gr. d'oxygène pour former 9 gr. d'eau *en vapeur*, dégage 29 calories.

Si l'un des éléments n'est pas combustible, il est mis en liberté.

Exemple. — Combustion du cyanogène (C^2Az), avec production d'acide carbonique (CO^2) et mise en liberté de l'azote (Az) :

$$C^2Az + 4O = 2CO^2 + Az.$$

Remarque. — Si l'oxygène, ou l'air, est en quantité insuffisante, *la combustion est incomplète :* alors, l'élément dont la combustion dégage le plus de chaleur brûle le premier.

Exemple. — Combustion incomplète du gaz acide sulfhydrique contenu dans une éprouvette, avec production de vapeur d'eau (HO) d'abord, de gaz acide sulfureux (SO^2) ensuite, et d'un *dépôt de soufre* (S).

40. Mélanges explosifs. — Tout mélange intime, en proportions convenables, d'un gaz ou d'une vapeur combustible avec l'oxygène ou avec l'air, peut former un mélange explosif : l'explosion est due à l'inflammation simultanée de toutes les parties du mélange.

41. Remarque fondamentale. — L'oxygène n'est pas le seul gaz comburant : le fluor, le chlore, (§ 94), la vapeur de soufre (§ 110), etc., sont aussi des gaz véritablement comburants, pouvant former avec le combustible, s'il est gazeux, des mélanges explosifs.

HYDROGÈNE

Symbole : H. — Équiv. : 1

42. Historique. — Connu depuis le xvi⁰ siècle. Etudié par Cavendish (1766).

43. Etat naturel. — Forme le $\frac{1}{9}$ du poids de l'eau. A l'état de combinaison dans la plupart des matières organiques.

44. Préparation. — Se retire ordinairement de l'eau, en la décomposant par un métal (1). Se recueille sur l'eau.

1° *Par le fer, au rouge.* Courant de vapeur d'eau traversant un tube de fer chauffé au rouge dans un fourneau à réverbère (fig. 3) :

$$3Fe + 4HO = 4H + Fe^3O^4.$$

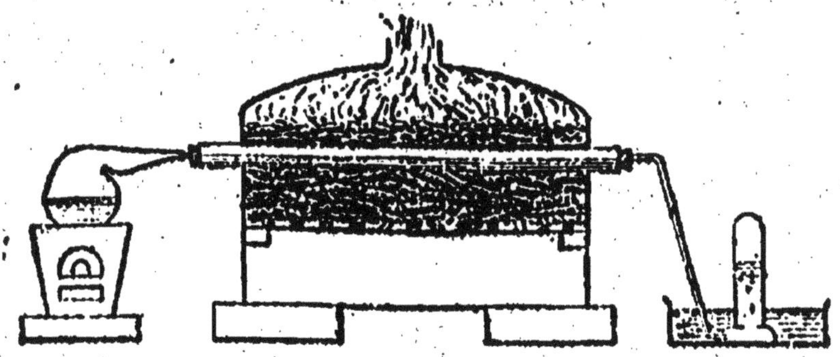

Fig. 3. — Préparation de l'hydrogène par le fer au rouge et la vapeur d'eau.

Le fer devient *oxyde magnétique de fer* (Fe^3O^4).

1. On pourrait le retirer de l'eau, en la décomposant par un courant électrique (§ 50).

2° *Par le zinc et l'acide sulfurique* (SO³,HO), *à froid.*
— Flacon à deux tubulures (fig. 4). Eau en *excès.*

$$Zn + SO^3, HO = H + ZnO, SO^3.$$

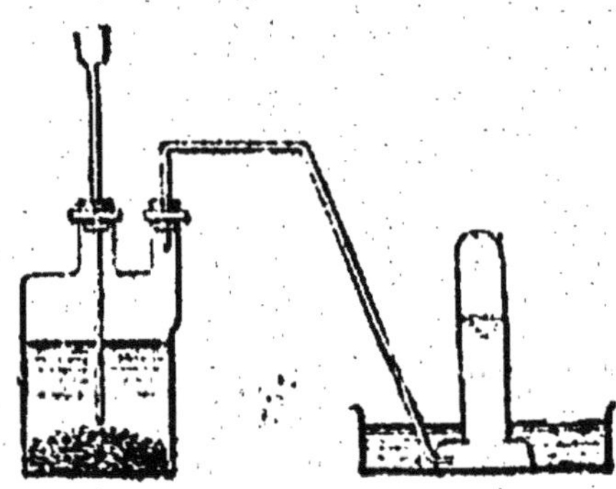

Fig. 4. — Préparation de l'hydrogène par le zinc et l'acide sulfurique.

Résidu : sulfate de zinc (ZnO, SO³), qui se dissout dans l'eau en excès.

Remarque. — On peut remplacer le zinc par le fer :

$$Fe + SO^3, HO = H + FeO, SO^3.$$

Résidu : sulfate de fer (FeO,SO³), qui se dissout dans l'eau en excès.

Ou, remplacer l'acide sulfurique par l'acide chlorhydrique (HCl) :

$$Zn + HCl = H + ZnCl.$$

Résidu : chlorure de zinc (ZnCl), soluble aussi.

45. Propriétés physiques. — Gaz incolore, inodore, insipide. — *Le moins dense de tous les gaz et de tous les corps connus :* $d = 0,069$. Poids du litre $= 0^{gr},089$. — *Le plus diffusible de tous les gaz,* c'est-à-dire celui qui traverse les corps poreux (papier, terre poreuse, etc.) avec le plus de rapidité. — Métal gazeux : *bon conducteur* de la chaleur et de l'électricité. — Très peu soluble. Liquéfié par MM. Pictet et Cailletet (1877).

46. Propriétés chimiques. — *Combustible*, et, par conséquent, *réducteur*, c'est-à-dire désoxydant.

Brûle dans l'air, avec une flamme *blanc pâle* très chaude en donnant de la vapeur d'eau (§ 51) :

$$H + O = HO.$$

Brûle dans le chlore (§ 94) en donnant du gaz acide chlorhydrique (HCl) :

$$H + Cl = HCl.$$

Réduit un grand nombre d'oxydes métalliques : l'oxyde de cuivre (CuO), au rouge sombre, par exemple (fig. 5) :

$$H + CuO = Cu + HO,$$

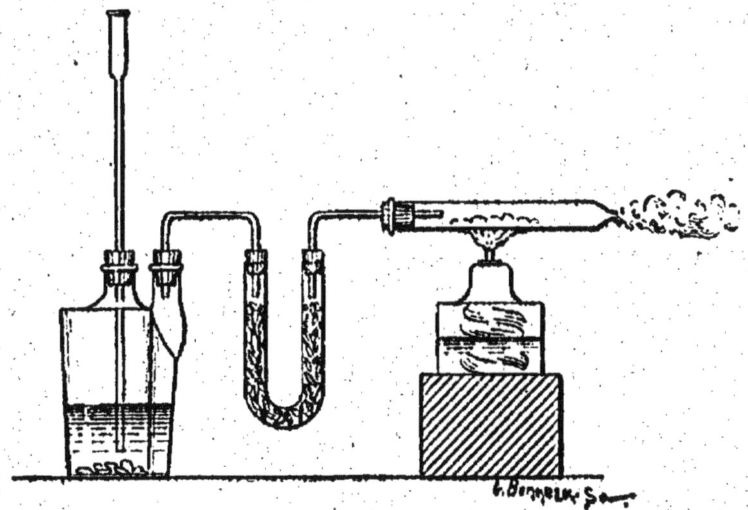

Fig. 5. — Réduction des oxydes par l'hydrogène.

avec mise en liberté du métal (Cu), et formation de vapeur d'eau (HO).

Réduit de même, c'est-à-dire, *déchlorure* un certain nombre de chlorures, avec formation d'acide chlorhydrique (HCl).

Mélanges explosifs. 1° Avec l'oxygène, ou avec l'air :

$$2 \text{ vol. d'hydrogène et 1 vol. d'oxygène.}$$
$$2 \quad » \quad \text{et 2 vol.} \quad »$$
$$2 \quad » \quad \text{et 5 vol. air.}$$

Le contact d'une flamme, une étincelle électrique, la présence d'un fragment *d'éponge de platine* (1), provoquent l'inflammation.

2° Avec le chlore :

$$1 \text{ vol. d'hydrogène et 1 vol. de chlore.}$$

Mélange faisant explosion sous l'influence de la lumière solaire *directe.*

47. Propriétés physiologiques. — N'entretient pas la respiration, mais n'est pas délétère.

48. Applications. — Gonflement des ballons. Production du gaz oxyhydrique (§ 200).

EAU

Formule : HO. — Equiv.: 9.

49. Historique. — Synthèse effectuée *pour la première fois* par Cavendish (1781) : on enflamme, à l'extrémité d'un tube effilé recouvert d'une cloche (fig. 6), de l'hydrogène préalablement *desséché* par son passage à travers un tube rempli de fragments

1. L'éponge de platine enflamme aussi un jet d'hydrogène, dirigé sur elle. D'où, le *briquet à hydrogène* de Volta.

de chlorure de calcium : l'eau formée se dépose sur les parois de la cloche.

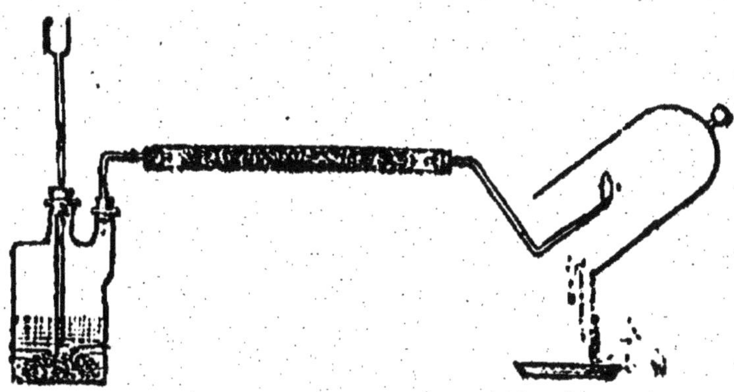

Fig. 6. — Synthèse de l'eau, par Cavendish.

Cavendish ne sut pas expliquer le phénomène, expliqué par Lavoisier (1784), qui a fait connaître, le premier, la véritable composition de l'eau, considérée jusqu'alors comme un *élément*.

50. Etat naturel et production. — *A l'état libre*, se trouve dans la nature sous les trois états de : vapeur d'eau, eau, glace. *A l'état de combinaison*, fait partie d'un grand nombre de roches : par exemple la *pierre à plâtre* (sulfate de chaux hydraté). Répandue, d'ailleurs, en abondance dans tous les tissus (§ 55). — Produit de la combustion vive des matières hydrogénées, ainsi que de leur combustion lente (respiration). Produit ultime de la décomposition spontanée des matières organiques. Produit principal de l'activité volcanique.

51. Composition de l'eau par l'analyse. — 1° *Par le fer au rouge* (Lavoisier et Meusnier, 1784). Courant de vapeur d'eau passant sur un poids connu de fils de fer chauffés au rouge dans un tube de porcelaine (fig. 3) :

$$4HO + 3Fe = Fe^3O^4 + 4H.$$

Soit p le poids de l'hydrogène recueilli sur l'eau, p' l'augmentation de poids du fer : p est le poids d'hydrogène et p' le poids d'oxygène contenus dans $p+p'$ d'eau. D'ailleurs $p+p' =$ le poids de l'eau disparue, comme on le constate.

2° *Par la pile* (Carlisle et Nicholson, 1800). On emploie le voltamètre : 2 vol. d'hydrogène (élément électro-positif) se dégagent sur l'électrode négative, pendant que 1 vol. d'oxygène (élément électro-négatif) se dégage sur l'électrode positive (fig. 7.)

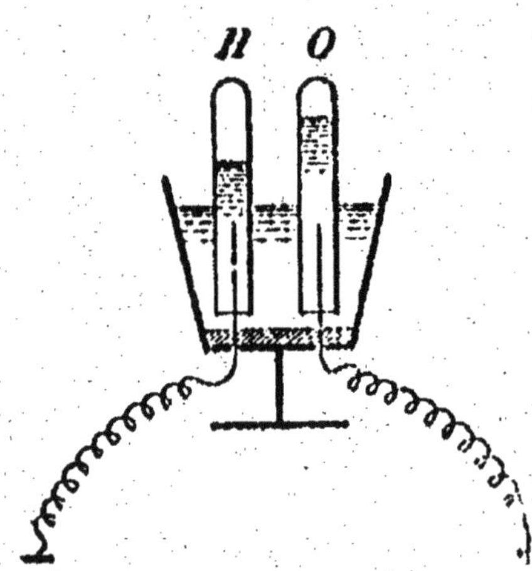

Fig. 7. — Analyse de l'eau par le courant de la pile.

52. Composition de l'eau, par la synthèse.

1° *En volumes.* Établie approximativement par Lavoisier et Meusnier (1784) en brûlant un volume connu d'hydrogène dans un volume connu d'oxygène. Résultats plus exacts obtenus par Gay-Lussac et Humboldt (1804) en enflammant un mélange de 2 vol. d'hydrogène et de 2 vol. d'oxygène contenus dans un *eudiomètre* (1) renversé sur la cuve à eau.

1. On appelle *eudiomètre* un tube épais, gradué, fermé à sa partie supérieure, qui est traversée par deux fils de platine entre lesquels on peut faire passer des étincelles électriques.

Actuellement, l'eudiomètre est renversé sur la cuve à mercure, et entouré d'un manchon en verre dans lequel circule de la vapeur, de façon à le maintenir à une température supérieure à la température d'ébullition de l'eau (fig. 8). On y introduit :

2 vol. d'hydrogène,
1 vol. d'oxygène.

On excite l'étincelle. Après l'explosion, il reste 2 volumes de vapeur d'eau.

2° *En poids* (Dumas, 1843). Méthode plus précise que les précédentes. — Courant d'hydrogène (H) *pur* et *sec* passant sur un poids connu d'oxyde de cuivre (CuO) *pur* chauffé au rouge sombre :

$$H + CuO = HO + Cu.$$

Vapeur d'eau (HO) condensée dans des récipients préalablement tarés, savoir un ballon et des tubes en U remplis de matières desséchantes, dont un ou deux sont refroidis par de la glace (fig. 9).

Fig. 8. — Synthèse de l'eau par l'eudiomètre.

Soit p le poids d'eau recueillie après l'opération, p' la perte de poids de l'oxyde de cuivre : p' est le poids d'oxygène et $p—p'$ le poids d'hydrogène qui forment un poids p d'eau.

53. Résultats. — 1gr. d'hydrogène et 8gr. d'oxygène donnent 9 gr. d'eau.

2 vol. d'hydrogène et 1 vol. d'oxygène donnent, *avec contraction*, 2 vol. de vapeur d'eau.

Remarque. — Les volumes gazeux ci-dessus sont mesurés à la même température et à la même pression, comme dans tous les cas semblables.

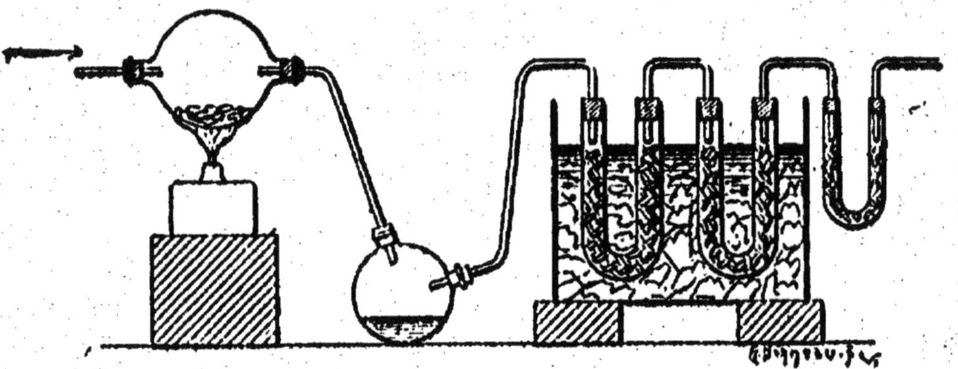

Fig. 9. — Synthèse de l'eau en poids.

54. Propriétés physiques et chimiques. Liquide incolore, inodore, insipide. — Densité de l'eau $= 1$ (à 4°). Densité de la glace $= 0,93$. Densité de la vapeur d'eau $= \dfrac{5}{8}$. — Se solidifie à 0° : cristallise en étoiles hexagonales (fleurs de la neige,) Bout, sous la pression normale de 760^{mm}, à 100°. *Pouvoir dissolvant remarquable.*

Formée d'un élément combustible, l'hydrogène, et d'un élément comburant, l'oxygène, l'eau, qui n'est ni combustible ni comburante, diffère donc *profondément*, par ses propriétés, des corps qui la constituent (§ 9). — L'eau est *dissociable* au rouge blanc (1), décomposable par le courant électrique.

1. La dissociation est la décomposition partielle d'un corps, décomposition limitée par le phénomène inverse de la recomposition.

Décomposée, au rouge, par le charbon et le chlore (§ 94 et 151), elle est aussi *décomposée par tous les métaux*, soit à froid, soit à chaud, *à l'exception* de l'aluminium et des métaux précieux (§ 211).

Remarque. — Ces propriétés sont celles de *l'eau pure* ou *eau distillée*.

55. Rôle physiologique. — *Élément essentiel de la vie*, à la surface du globe, elle joue dans la cellule le double rôle *d'eau de constitution* et *d'eau d'interposition*. — Par son pouvoir dissolvant, elle sert de véhicule à un grand nombre de principes nécessaires à la nutrition des animaux et des végétaux (§ 160).

56. EAUX NATURELLES. — Diffèrent de *l'eau chimiquement pure* par les propriétés que leur donnent les matières qui y sont dissoutes.

La plus pure est *l'eau de pluie*.

57. Composition et analyse des eaux naturelles. — Contiennent en dissolution :

I. *Les gaz de l'air* (oxygène, azote, acide carbonique) qu'on en retire en faisant bouillir de l'eau dans un ballon entièrement rempli, muni d'un tube de dégagement se rendant dans la cuve à mercure (fig. 10).

On constate que, dans *l'air dissous dans l'eau*, le volume de l'oxygène est à celui de l'azote, à peu près dans la proportion de 1 à 2 (1). Quant à la

1. L'air dissous dans l'eau entretient la respiration des animaux qui y vivent. Ils meurent dans *l'eau bouillie*, c'est-à-dire dans l'eau privée d'air.

2.

proportion en volumes d'acide carbonique elle varie, sur 100 vol. d'air dissous, de 2 °/₀ (*eau de pluie*) à 47 °/₀ (*eau courante*).

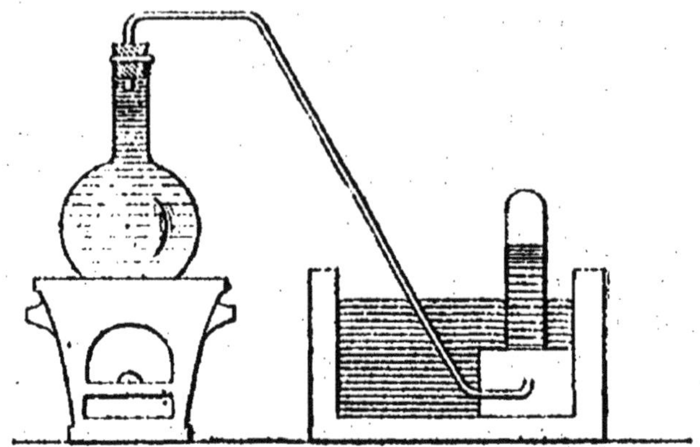

Fig. 10. — Extraction des gaz dissous dans l'eau.

II. *Des matières solides :* en effet, par évaporation, on obtient un résidu solide composé de *matières minérales* (carbonate, phosphate, sulfate de chaux, silice, chlorures, etc.) et de *matières organiques*.

On reconnaît :

1° Les *matières organiques*, en portant l'eau à l'ébullition, après y avoir ajouté du chlorure d'or qui, de *jaune*, devient *brun*.

2° La *chaux*, soit libre, soit combinée, par l'oxalate d'ammoniaque, qui donne un *précipité blanc* d'oxalate de chaux.

3° Le *carbonate de chaux*, par le *trouble* de l'eau portée à l'ébullition.

4° Le *sulfate de chaux*, par la solution alcoolique de savon, qui forme, dans une *eau séléniteuse* (1), des grumeaux blancs.

1. Le sulfate de chaux s'appelle aussi *sélénite*.

5° Les *chlorures* (sel marin (NaCl), etc.), par l'azotate d'argent, qui donne un précipité blanc caillebotté de chlorure d'argent.

58. Caractères d'une eau potable. — Limpide, incolore, fraîche, sapide.

Doit être *très aérée*, doit bien dissoudre le savon et faire cuire les légumes (qui durcissent dans une eau chargée de sels de chaux). Ne doit contenir que de 0^{gr},1 à 0^{gr},5, par litre, de matières minérales (sinon, est *lourde*). Pas de matières organiques, et surtout, pas de *bactéries*, micro-organismes que l'on tue en faisant bouillir l'eau.

Remarque. — Les *eaux minérales*, chaudes ou froides, sont caractérisées par la présence d'un principe minéral quelconque, dissous en excès :

Eaux gazeuses... Riches en acide carbonique.
Eaux alcalines... Riches en bicarbonate de soude.
Eaux sulfureuses... Riches en acide sulfhydrique.
    etc.   etc.

AZOTE

Symbole : Az. — Equiv. : 14.

59. Historique. — Etudié par Lavoisier (1776).

60. Etat naturel. — Forme les 4/5 du volume de l'atmosphère. A l'état de combinaison dans un grand nombre de matières organiques, les *substances albuminoïdes*, principalement.

61. Préparation. — S'extrait ordinairement de l'air en absorbant son oxygène par un corps facilement oxydable : phosphore, cuivre (1), etc. — Se recueille sur l'eau.

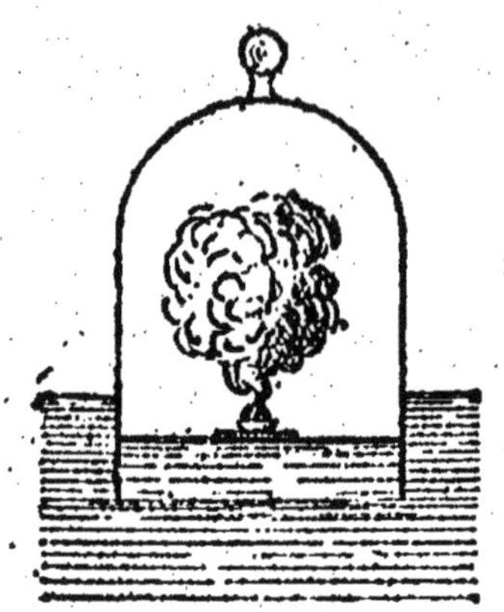

Fig. 11.— Préparation de l'azote par le phosphore.

1° *Par le phosphore.* On enflamme du phosphore sous une cloche pleine d'air (flotteur en liège avec têt à combustion), renversée sur la cuve à eau (fig. 11) :

$$Ph + Air = Az + PhO^5.$$

Le phosphore devient acide phosphorique (PhO^5), qui se dissout dans l'eau.

2° *Par le cuivre.* Courant d'air traversant un tube de cuivre chauffé au rouge (fig. 12) :

$$Cu + Air = Az + CuO.$$

Fig. 12. — Préparation de l'azote par le cuivre.

Il se forme de l'oxyde *noir* de cuivre (CuO).

1. Lavoisier s'est servi du mercure (§ 65).

62. Propriétés physiques et chimiques. — Gaz incolore, inodore, insipide. — $d = 0,97$. Poids du litre : 1^{gr}, 26. — Très peu soluble. Liquéfiable à $-194°$. Solidifiable.

Ni *combustible*, ni *comburant*. Affinités chimiques presque nulles, sauf le cas d'intervention d'une énergie étrangère.

Exemples. — 1° Production par synthèse du gaz ammoniac (AzH^3) et de l'acide azotique (AzO^5,HO) sous l'influence d'une série d'étincelles électriques (§ 77, 84). — 2° Production par synthèse de l'acide perazotique (AzO^6) sous l'influence des effluves électriques. — 3° Absorption de l'azote par la *matière amylacée* des végétaux, sous la même influence. — 4° Production par synthèse du cyanogène (C^2Az), en présence d'une base alcaline (§ 151), etc., etc.

63. Rôle et propriétés physiologiques. — Sans être délétère il *n'entretient pas la respiration*, d'où son nom. *Principe alimentaire* essentiel, il est fixé : 1° par les végétaux qui l'empruntent à l'air et aux azotates du sol; 2° par les *micro-organismes de la terre végétale*, qui l'empruntent aussi à l'air.

AIR ATMOSPHÉRIQUE

64. Historique. — Considéré comme un *élément* jusqu'à Lavoisier, qui a établi sa composition (1775).

65. Composition de l'air, établie par l'analyse.—1. *En volumes.*—On absorbe l'oxygène d'un volume donné d'air par un corps oxydable : phosphore, cuivre, etc. On mesure le volume de l'azote qui reste.

1° *Procédé Lavoisier* (1775).— L'oxygène contenu dans un volume limité et connu d'air est absorbé par du mercure, chauffé pendant plusieurs jours à 350° (fig. 13) :

$$Hg + Air = Az + HgO.$$

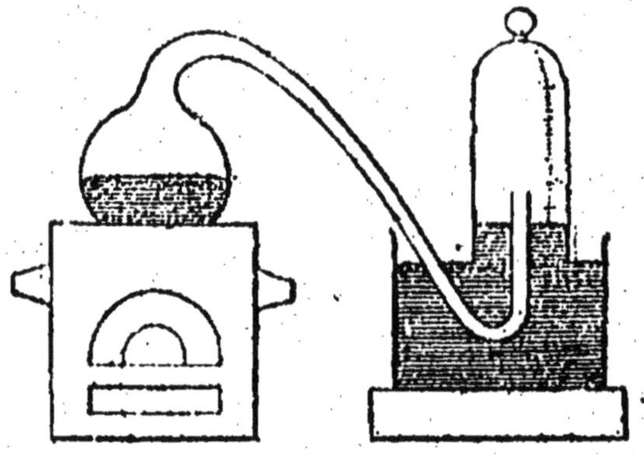

Fig. 13. — Analyse de l'air par Lavoisier.

Il se forme des pellicules *d'oxyde rouge* de mercure (HgO). Chauffé, cet oxyde se décompose et *régénère* le volume d'oxygène disparu :

$$HgO = Hg + O.$$

2° *Par le phosphore.* — *A froid.* Bâton de phosphore à l'intérieur d'une éprouvette renversée sur la cuve à mercure et contenant un volume donné d'air. Le phosphore devient acide phosphoreux (PhO^3) :

$$Ph + Air = Az + PhO^3.$$

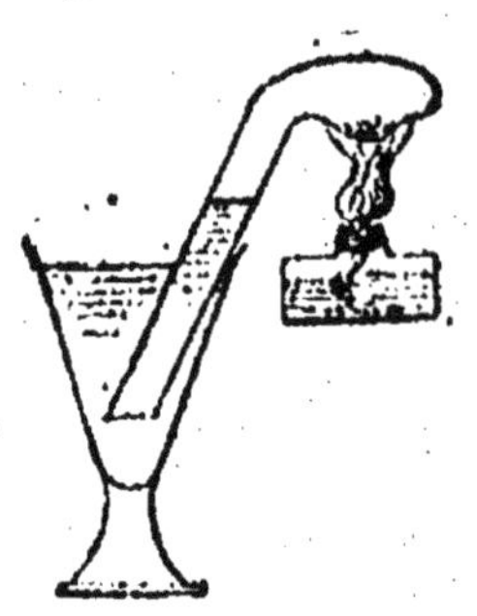

Fig. 14.—Analyse de l'air par le phosphore, à chaud.

A chaud. Eprouvette recourbée (fig. 14) permettant de chauffer le phosphore pour l'enflammer. Le phosphore devient acide phosphorique (PhO^5):

$$Ph + Air = Az + PhO^5.$$

II. *En poids* (Dumas et Boussingault, 1840). — Méthode plus précise que les précédentes. Corps absorbant : le cuivre.

Un courant d'air, *débarrassé de sa vapeur d'eau et de son acide carbonique* (tubes en U, les uns desséchants, les autres à potasse caustique), passe sur un poids connu de *tournure de cuivre pur* chauffée au rouge dans un tube de verre peu fusible (fig. 15) :

$$Cu + Air = CuO + Az.$$

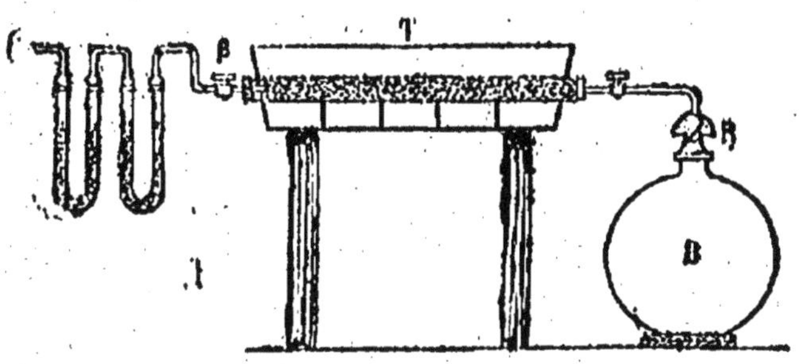

Fig. 15. — Analyse de l'air en poids.

Le cuivre s'oxyde (CuO). L'azote (Az) se rend dans un grand ballon, pesé à l'avance, *où l'on a fait le vide*, et qui sert d'*aspirateur*.

Soit p l'augmentation de poids du cuivre, à la fin de l'opération (quand le ballon est rempli d'azote) p' celle du ballon : p est le poids d'oxygène qui, mélangé à un poids p' d'azote, donne un poids $p+p'$ d'air.

66. Résultats. — 100 gr. d'air, pur et sec, contiennent 23gr. d'oxygène et 77gr. d'azote.

100 vol. d'air, pur et sec, contiennent 21 vol. d'oxygène et 79 vol. d'azote.

Cette composition est *invariable* en tous les points du globe, malgré les causes qui sembleraient devoir la modifier (§ 162).

67. L'air est un mélange. — Quoique de composition invariable, l'air est un mélange (§ 9) :

En effet : 1° pas de dégagement ni d'absorption de chaleur lorsqu'on effectue la *synthèse de l'air* en mélangeant 21 vol. d'oxygène à 79 vol. d'azote ; 2° pas de rapport simple entre les volumes de l'oxygène et de l'azote (contrairement aux lois de Gay-Lussac) ; 3° propriétés chimiques identiques à celles de l'oxygène ; 4° en présence de l'eau, l'oxygène et l'azote se dissolvent comme s'ils étaient seuls, de sorte que l'air dissous n'a pas la même composition que l'air atmosphérique (§ 57), ce qui n'aurait pas lieu si l'air était une combinaison.

Conséquence : l'air n'a pas de formule.

68. Composition de l'air atmosphérique. — Indépendamment de l'oxygène et de l'azote, il contient :

1° de la vapeur d'eau, dont la proportion en poids varie de $\frac{1}{2.000}$ à $\frac{1}{20}$; 2° du gaz acide carbonique, dont la proportion en poids est de $\frac{5}{10.000}$ en moyenne ; 3° des traces d'*ozone* (variété d'oxygène douée de propriétés chimiques plus énergiques que celles de l'oxygène ordinaire); 4° des traces de gaz ammoniac (AzH^3), d'acide azotique (AzO^5,HO), etc.; 5° des poussières minérales (sel marin, sulfate de soude, etc.); 6° des débris organiques; 7° des micro-organismes ou *germes*, moteurs des fermentations, des putréfactions, agents des maladies infectieuses.

69. Propriétés de l'air. — Gaz incolore, inodore, insipide. — Densité par rapport à l'eau = 0,0013. Poids du litre = $1^{gr},3$ à 0° et sous la pression de 760^{mm}. — Très peu soluble. Liquéfiable à — 190°.

Possède les propriétés chimiques de l'oxygène, tempérées par la présence de l'azote (§ 6), et légèrement modifiées par la présence de l'acide carbonique et de la vapeur d'eau (§ 209).

70. Rôle et propriétés physiologiques de l'air.— *L'oxygène* entretient la combustion et la respiration, quoique certains micro-organismes (microbes anaérobies) ne puissent vivre à l'air: par exemple, les *vibrions* de la fermentation butyrique, que l'air libre tue. *L'azote* et *l'acide carbonique* servent à la nutrition des végétaux. La *vapeur d'eau* produit les pluies et entretient l'humidité nécessaire à la vie. *L'ozone* assainit l'atmosphère en tuant les germes.

OXYDES DE L'AZOTE

71. Composition et propriétés. —Au nombre de *sept*, forment un groupe dont l'existence est une des vérifications les plus frappantes de la *Loi des proportions multiples*.

Noms	Formules	Composition		
Protoxyde d'azote ...	AzO ...	14 gr. de Az et 8 gr. de O.		
Acide hypoazoteux (1) .	$AzO\frac{3}{2}$ ...	14	—	12	»
Bioxyde d'azote. ...	AzO^2 ...	14	—	16	»
Acide azoteux. ...	AzO^3 ...	14	—	24	»
— hypoazotique ...	AzO^4 ...	14	—	32	»
— azotique. ...	AzO^5 ...	14	—	40	»
— perazotique ...	AzO^6 ...	14	—	48	»

Composés endothermiques *peu stables*, c'est-à-dire facilement décomposables par la chaleur : par suite, *oxydants* et *comburants*.

Protoxyde d'azote : AzO. — Gaz incolore, inodore, très dense, saveur sucrée, *anesthésique* (gaz *hilarant* de Davy), moins comburant que l'oxygène pur, à cause de la présence de l'azote, mais plus que l'air : le charbon, le soufre, le phosphore, etc., y brûlent, mais bien allumés. — Se prépare par calcination de l'azotate d'ammoniaque (AzH^3,HO,AzO^5), et se recueille sur l'eau, quoique assez soluble :

$$AzH^3,HO,AzO^3 = 2AzO + 4HO.$$

Résidu : de l'eau (HO), si elle n'est pas entièrement vaporisée.

Bioxyde d'azote : AzO^2. — Gaz incolore, très peu soluble, un peu plus dense que l'air, moins comburant que le précédent. Se transforme spontanément (combustion lente), au contact de l'oxygène pur ou de l'air, en *vapeurs rutilantes* caractéristiques, très denses, d'acide hypoazotique (AzO^4) :

$$AzO^2 + 2O = AzO^4.$$

1. Cette formule s'écrit ordinairement Az^2O^3, l'emploi des exposants fractionnaires étant évité dans toutes les formules chimiques.

S'obtient en traitant le cuivre (Cu) par l'acide azotique (AzO^5,HO) étendu d'eau (§ 76). Se recueille sur l'eau (fig. 16.)

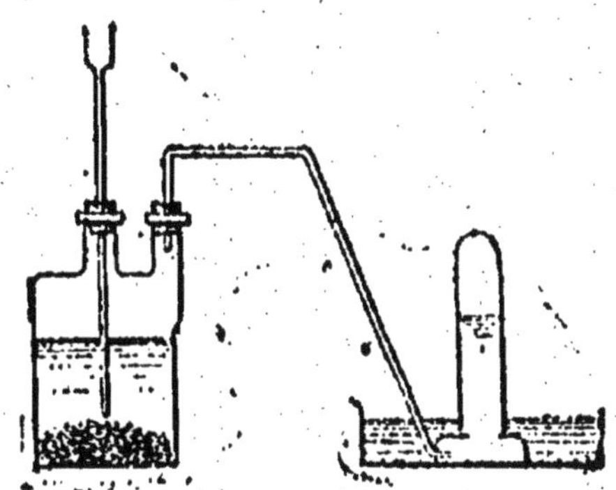

Fig. 16. — Préparation du bioxyde d'azote.

ACIDE AZOTIQUE

Formule : AzO^5, HO. — Équiv. : 63.

72. Historique. — Employé à la gravure sur cuivre (gravure à *l'eau-forte*) dès le xvi° siècle. Synthèse effectuée par Cavendish.

73. Etat naturel. — *Dans l'air :* des traces provenant de la décomposition par l'eau de l'acide perazotique (AzO^6) formé par l'action des effluves électriques de l'atmosphère sur les gaz de l'air. *Dans le sol :* à l'état d'azotate de soude, de potasse, de chaux, etc.

74. Préparation. — *A chaud.* On décompose un azotate par l'acide sulfurique concentré (SO^3,HO).

Dans le laboratoire, on distille (fig. 17) un mélange

de *salpêtre* ou azotate de potasse (KO,AzO^5) et d'acide sulfurique (SO^3,HO) :

$$KO,AzO^5 + 2\,(SO^3,HO) = AzO^5, HO + KO,HO,2SO^3.$$

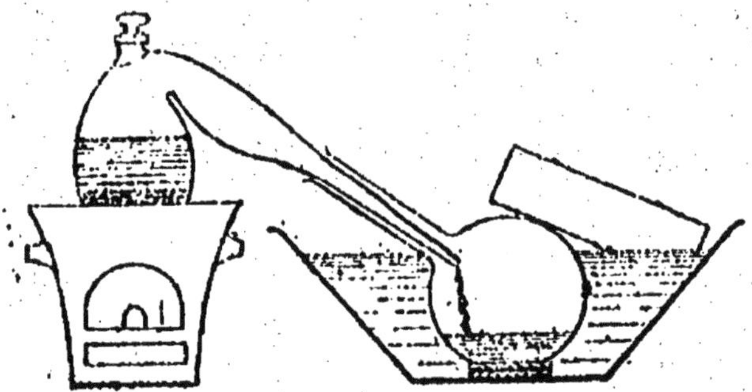

Fig. 17. — Préparation de l'acide azotique.

Les vapeurs acides se condensent dans la partie froide de l'appareil.

Résidu : bisulfate de potasse $(KO,HO,2SO^3)$.

Dans l'industrie, on emploie l'azotate de soude (NaO, AzO^5), moins cher et donnant plus d'acide. Même réaction, mais *produit moins pur*.

75. Propriétés physiques. — Liquide incolore quand il est pur, ordinairement *coloré en jaune* par des traces d'acide hypoazotique (AzO^4) (1). — $D = 1,52$. — Bout à 86° : se transforme alors progressivement en acide azotique quadrihydraté $(AzO^5, 4HO)$, bouillant à 123°, *toujours incolore*, même dans le commerce. Moins dense que le précédent.

76. Propriétés chimiques. — Acide énergique (2). Peu stable : par suite, *oxydant énergique*.

1. Saturé d'acide hypoazotique, l'acide azotique devient jaune rougeâtre et *fumant*.

2. On appelle ainsi les acides qui rougissent fortement la teinture de tournesol et se combinent aux bases (potasse, soude, chaux, etc.) en dégageant beaucoup de chaleur.

A froid, attaque un grand nombre de *métalloïdes*, d'autant plus énergiquement *qu'il est plus concentré*.

Exemples. — 1° Combustion du charbon en poudre, au contact de quelques gouttes d'acide concentré, avec production d'acide carbonique (CO^2).

2° Combustion explosive du phosphore, avec production d'acide phosphorique (PhO^5).

A froid, attaque tous les métaux, *à l'exception de l'or et du platine*, d'autant plus énergiquement, généralement, *qu'il est moins concentré :* le métal est transformé en azotate ou en un oxyde-acide.

Exemples. — 1° Action de l'acide azotique *étendu* sur le cuivre (prép. du bioxyde d'azote) :

$$3\,Cu + 4\,(AzO^5, HO) = AzO^2 + 3\,(CuO, AzO^5) + 4HO.$$

Dégagement de bioxyde d'azote ($Az\,O^2$), qui rougit à l'air, et formation d'azotate de cuivre (CuO, AzO^5) qui se dissout dans l'eau en excès, qu'il colore en *bleu* (*réaction caractéristique* de l'acide azotique).

2° Transformation de l'étain (Sn) en acide stannique (SnO^2) insoluble.

Autres réactions. Oxyde le gaz acide sulfureux (SO^2), qui devient (§ 122) acide sulfurique (SO^3, HO). Oxyde l'indigo en le décolorant. Colore en *jaune* la laine, la soie et la peau, qu'il détruit.

Concentré, à froid, transforme la benzine, la glycérine, le coton, etc., en nitrobenzine (§ 194), nitroglycérine (*dynamite*), coton-poudre, etc., tous composés endothermiques, formant la base de la fabrication des *poudres brisantes*. — Étendu d'eau, à chaud, oxyde l'amidon qui devient acide oxalique (§ 166).

77. Synthèse (Cavendish). — Eudiomètre à mercure. Série d'étincelles électriques traversant un mélange d'azote et d'oxygène, avec un peu d'*eau de chaux* (CaO, HO) : production d'azotate de chaux (CaO, AzO^5).

78. Applications. — Fabrication de l'acide sulfurique, des *poudres brisantes* (nitroglycérine, coton-poudre, etc.), des azotates. Affinage de l'or et de l'argent. *Gravure sur cuivre.*

79. Azotates. — Solides, généralement *solubles*. Comburants, *fusent* sur des charbons ardents, par suite de la décomposition de l'acide qui fournit de l'oxygène activant la combustion. Traités par l'acide sulfurique donnent des vapeurs d'acide azotique *caractéristiques*. — Engrais précieux (azotate de soude du Chili), fournissent aux plantes une partie de l'azote qui leur est nécessaire.

Remarque. — Le mélange explosif de 1 équiv. de soufre, 1 équiv. de salpêtre ou azotate de potasse (KO, AzO^5) et de 3 équiv. de charbon de bois, constitue la *poudre de guerre :* le soufre et l'acide azotique du salpêtre jouent le rôle de comburants, le potassium et le charbon celui de combustibles.

GAZ AMMONIAC

Formule : Az H^3. — Equiv. : 17.

80. Production et état naturel. — Dans l'atmosphère : traces. — Produit ultime de la décomposition spontanée des matières organiques azotées : fumier, urine, immondices, etc. Produit de la décomposition de la houille par la chaleur (§ 197).

81. Préparation. — *A chaud.* On décompose un

sel ammoniacal par une base *fixe* (1) : potasse, soude, chaux. Se recueille sur le mercure.

Ordinairement, on chauffe un mélange solide de *sel ammoniac* ou chlorhydrate d'ammoniaque (AzH^3, HCl) et de chaux *vive* (CaO) en excès (fig. 18) :

$$AzH^3, HCl + CaO = AzH^3 + HO + CaCl.$$

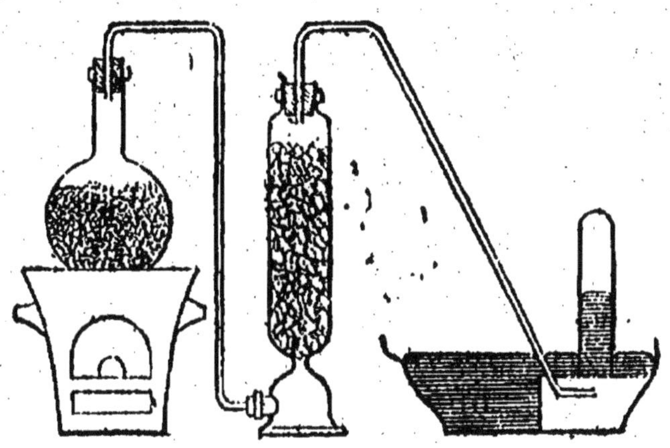

Fig. 18. — Préparation du gaz ammoniac.

Résidu : chlorure de calcium (CaCl). L'excès de chaux et une éprouvette pleine de chaux dessèchent le gaz.

Souvent, on traite une dissolution de sulfate d'ammoniaque (AzH^3, HO, SO^3) par la chaux *éteinte* (CaO, HO) :

$$AzH^3, HO, SO^3 + CaO, HO = AzH^3 + 2HO + CaO, SO^3.$$

Résidu : sulfate de chaux (CaO, SO^3).

82. — Propriétés physiques. Gaz incolore, *odeur vive et piquante*, caractéristique, provoquant les larmes. Saveur âcre. — Beaucoup moins dense

1. On appelle ainsi les bases non volatiles.

que l'air. — *Le plus soluble de tous les gaz* dans l'eau (1) : une éprouvette pleine du gaz, débouchée sur l'eau, se remplit instantanément. *Très absorbable* (2) par le charbon de bois (§ 156). — Liquéfiable (3) à — 30°. Solidifiable.

83. Propriétés chimiques. — *Sec*, est un corps neutre. *Humide*, possède une réaction basique (*le seul gaz* qui ramène au bleu la teinture de tournesol). — Décomposable par une série d'étincelles électriques, d'où la connaissance de sa composition : 1 vol. d'azote et 3 vol. d'hydrogène donnent, avec contraction, 2 vol. de gaz ammoniac.

No brûle pas dans l'air, mais brûle dans l'oxygène, avec une flamme blanche, production de vapeur d'eau (HO) et mise en liberté de l'azote (Az) :

$$AzH^3 + 3O = 3HO + Az.$$

S'enflamme spontanément dans le chlore, avec production d'acide chlorhydique (HCl) et mise en liberté de l'azote (Az) :

$$Az\,H^3 + 3Cl = 3HCl. + Az.$$

84. Synthèse. — Eudiomètre à mercure : série d'étincelles électriques traversant un mélange

1. A 15°, 1 litre d'eau dissout 740 litres de gaz ammoniac.
2. Tout gaz très soluble dans l'eau est toujours absorbé en grandes quantités par le charbon de bois, préalablement porté au rouge pour en chasser les gaz de l'air.
3. Tout gaz très soluble dans l'eau est facilement liquéfiable.

d'azote et d'hydrogène (1). Réaction limitée par la décomposition du gaz produit.

85. AMMONIAQUE (AzH^3, HO). — Produit de la dissolution du gaz ammoniac (AzH^3) dans l'eau. Très anciennement connue (*alcali volatil*).

86. Préparation. — *Dans le laboratoire*. En faisant passer le gaz dans une série (2) de flacons de Woulf (fig. 19).

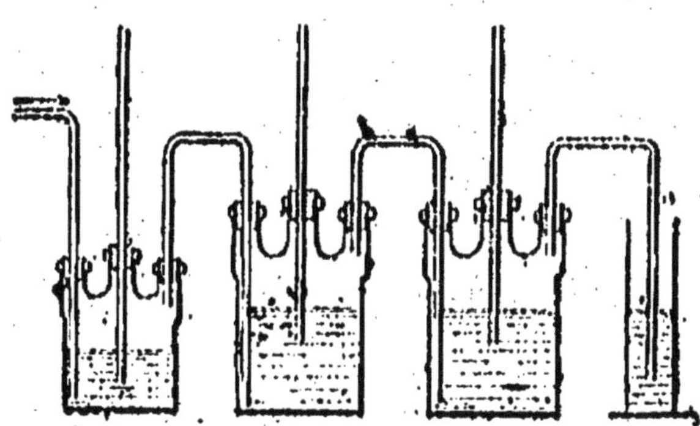

Fig. 19. — Appareil de Woulf pour la préparation des dissolutions gazeuses.

Dans l'industrie. On distille avec de la chaux les *eaux ammoniacales* provenant de l'urine putréfiée ou de la distillation de la houille (§ 197) : l'ammoniaque se condense dans un réservoir entouré d'eau froide.

87. Propriétés. — Liquide moins dense que l'eau, incolore quand il est pur, dégageant spontanément à l'air son gaz ammoniac, qui lui donne son odeur et sa saveur.

1. De là sa formation dans l'atmosphère, et sa présence à l'état d'azotate d'ammoniaque dans les pluies d'orage.

2. Toutes les dissolutions gazeuses se préparent de la même façon.

3.

Base caustique, volatile ; *bleuit* la teinture de tournesol rougie par un acide, *verdit* un grand nombre de couleurs végétales (la couleur de la violette, par exemple).

Poison violent. Action irritante sur les yeux et sur les muqueuses.

88. Usages et applications. — Employée en médecine comme *caustique* (piqûre des abeilles), comme *base* (ivresse alcoolique). Dégraissage des laines. Fabrication de la glace (appareil Carré dans lequel on utilise le froid produit par l'évaporation du gaz ammoniac liquéfié). Fabrication des sels ammoniacaux, etc.

89. Sels ammoniacaux. — Chimiquement analogues aux sels de potasse et de soude : la formule de leur base peut s'écrire :

$$(Az H^4)O = AzH^3, HO,$$

en admettant que le composé AzH^4 (appelé *ammonium* et qu'on n'a pu isoler) joue le rôle d'un métal (§ 175). Alors la formule du sulfate d'ammoniaque, p. ex., peut s'écrire :

$$AzH^4O, SO^3.$$

Tous solubles, constituent des *engrais chimiques* précieux (le sulfate d'ammoniaque, surtout), que l'oxygène de l'air transforme, dans la terre arable, sous l'influence d'un micro-organisme particulier du sol (*ferment nitrique*), en azotates (*nitrification*). — Traités par la potasse, donnent un dégagement *caractéristique* de gaz ammoniac.

CHLORE

Symbole : Cl. — Equiv. : 35,5.

90. Historique. — Découvert par Scheele (1774). Reconnu *corps simple* par Gay-Lussac et Davy (1809).

91. Etat naturel. — Assez répandu à l'état de *chlorures* dans le sol et dans l'eau de mer : chlorure de sodium ou sel de cuisine (NaCl), chlorure de potassium (KCl), etc.

92. Préparation (procédé Scheele). — *A chaud.* On traite l'acide chlorhydrique (HCl) par le bioxyde de manganèse (MnO^2). Eprouvette desséchante.

$$2HCl + MnO^2 = Cl + MnCl + 2HO.$$

Fig. 20. — Préparation du chlore par l'acide chlorhydrique et le bioxyde de manganèse.

Résidu : chlorure de manganèse (MnCl), soluble dans l'eau (1).

Ne peut être recueilli sur le mercure, qu'il attaque (§ 94). Recueilli *par déplacement* (fig. 20), étant plus dense que l'air.

Dans l'industrie, même procédé de fabrication.

93. Propriétés physiques. — *Gaz jaune verdâtre*

1. Ce procédé ne donne que la moitié du chlore de l'acide chlorhydrique. Dans le procédé Berthollet, on traite le sel marin par l'acide sulfurique et le bioxyde de manganèse, et on obtient tout le chlore du sel : le résidu est un mélange de sulfate de manganèse et de sulfate de soude.

(couleur caractéristique). *Odeur suffocante.* Dangereux à respirer. — *Très dense :* d = 2,44. — Soluble dans l'eau (*eau de chlore*). Liquéfiable.

94. Propriétés chimiques. — *Le plus comburant* de tous les gaz, *après le fluor. Désinfectant, décolorant.*

Tous les métalloïdes, excepté l'oxygène, le charbon et l'azote, se combinent directement au chlore ; le phosphore (Ph), l'arsenic (As) en poudre, s'y enflamment spontanément.

Tous les métaux se combinent directement au chlore : combustion vive, à la température ordinaire, avec le potassium (K), l'antimoine (Sb) en poudre, le cuivre (Cu) légèrement chauffé ; *combustion lente* avec les métaux précieux.

Produit de la combustion : un chlorure.

Action sur l'hydrogène. — 1° Enflammé, brûle dans le chlore, avec production de gaz acide chlorhydrique (HCl).

$$H + Cl = HCl.$$

2° Un mélange de 1 volume de chlore et de 1 volume d'hydrogène, se transforme (*synthèse de l'acide chlorhydrique*), sans contraction, en 2 volumes de gaz acide chlorhydrique, lentement à la lumière diffuse, *avec explosion* sous l'action de la lumière solaire directe (1).

De cette affinité, résulte :

1° Que le chlore décompose l'eau soit à froid

1. La combinaison n'a pas lieu dans l'obscurité.

sous l'action de la lumière (1), soit au rouge, avec production d'acide chlorhydrique (HCl) et d'oxygène (O) :

$$Cl + HO = HCl + O.$$

D'où *l'action oxydante* du chlore en présence de l'eau.

2° Qu'il décompose, à froid, le gaz acide sulfhydrique (HS), le gaz ammoniac (AzH³), le sulfhydrate d'ammoniaque (AzH³, HS), *gaz et vapeurs infectantes et délétères*, avec production d'acide chlorhydrique (HCl) et mise en liberté de soufre ou d'azote :

$$HS + Cl = S + HCl,$$
$$AzH^3 + 3Cl = Az + 3HCl.$$

D'où *l'action désinfectante* du chlore.

3° Qu'il *décolore* l'indigo, l'encre (2), la fuchsine, le tournesol, etc. : action à la fois déshydrogénante et oxydante.

Autres réactions. Sur les *bases* (§ 103). — Sur les *carbures d'hydrogène* (§ 187 et 191).

95. Applications. — Désinfectant. Blanchiment de la toile (3), du coton, de la pâte de papier, etc. (§ 103).

1. L'*eau de chlore* ne se conserve qu'à l'abri de la lumière.

2. L'*encre d'imprimerie*, à base de charbon, n'est pas attaquée par le chlore.

3. Anciennement, les toiles étaient blanchies par exposition *sur le pré*, grâce à l'action simultanée de *l'air*, de la *rosée* et de la *lumière solaire* sur leur *principe colorant*, qui, s'oxydant, devenait peu à peu soluble dans les lessives alcalines. Depuis Berthollet (1785), le chlore remplace ces trois agents, et la transformation du principe colorant en matière soluble s'opère rapidement.

ACIDE CHLORHYDRIQUE
Formule : HCl. — Equiv. : 36,5.

96. Historique et état naturel. — Appelé d'abord *acide muriatique*, s'est appelé *acide chlorhydrique* depuis que Gay-Lussac a déterminé sa composition (1809). Se dégage des volcans en activité.

97. Préparation. — *A chaud.* On traite le chlorure de sodium (NaCl) ou *sel ordinaire*, par l'acide sulfurique (SO^3,HO). Se recueille sur le mercure (fig. 21).

$$NaCl + 2(SO^3,HO) = HCl + NaO,HO,2(SO^3).$$

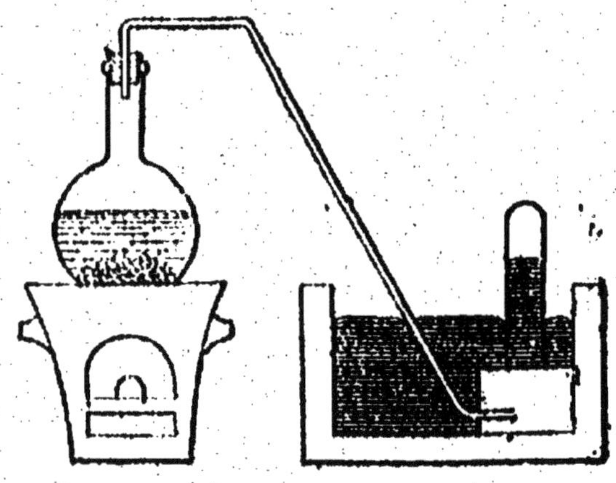

' Fig. 21. — Préparation de l'acide chlorhydrique.

Résidu : bisulfate de soude ($NaO,HO,2SO^3$).
Dans l'industrie, on chauffe au *rouge* (fours en fonte), afin d'avoir du sulfate de soude (NaO,SO^3), *sel très employé.*

$$NaCl + SO^3, HO = HCl + NaO, SO^3.$$

Le gaz est envoyé dans des récipients contenant de l'eau, où *il se dissout* en donnant *l'acide chlorhy-*

drique du commerce, fumant à l'air, incolore quand il est pur, généralement coloré en *jaune*.

98. Propriétés physiques. — Gaz incolore, *fumant à l'air.* Odeur piquante. — Un peu plus dense que l'air. — *Très soluble dans l'eau* (même expérience qu'avec l'ammoniac). *Très absorbable* par le charbon de bois (§ 82). Liquéfiable et solidifiable.

99. Propriétés chimiques. — Acide (de la catégorie des hydracides) énergique. *Attaque tous les métaux*, à froid ou à chaud, *sauf l'or et le platine*, en donnant des chlorures solubles.

Exemple. — Action, à froid , de l'acide chlorhydrique sur le zinc : dégagement d'hydrogène (H), et production d'un chlorure de zinc (ZnCl) soluble :

$$Zn + HCl = H + ZnCl.$$

Transforme les *oxydes métalliques insolubles* en *chlorures solubles*. Ex. : la rouille (Fe^2O^3, HO), qui est transformée en chlorure de fer soluble. D'où l'emploi de cet acide pour le *décapage* du fer, du cuivre, etc...

Dissout la *matière minérale* des os (§ 136) : il reste de *l'osséine*, matière molle, que l'eau et la chaleur transforment en *gélatine* (1).

100. Applications. — Préparation de l'hydrogène (§ 44). Fabrication du chlore, des chlorures métalliques. Décapage des métaux. Préparation de la gélatine, etc.

101. EAU RÉGALE. — Mélange d'acide chlorhydrique (HCl) et d'acide azotique (AzO^5, HO), *dis-*

1. Pour la *synthèse* de l'acide chlorhydrique, voir § 94.

solvant l'or et le platine, métaux inattaquables par chacun de ces acides séparés, ainsi que par tous les acides ordinaires. Cette propriété est due à un dégagement de chlore au sein de la liqueur.

102. Chlorures. — Généralement solides, *solubles, fusibles, volatils*. Traités par l'azotate d'argent, donnent un précipité blanc *caillebotté* de chlorure d'argent (AgCl), caractéristique. — Le plus répandu est le *sel ordinaire* (NaCl), aliment essentiel, *antiseptique précieux*, que l'on extrait des eaux de la mer (*sel marin*) ou du sol (*sel gemme*).

103. Chlorures décolorants. — Par l'action du chlore, *à froid*, sur une dissolution de potasse ou de soude, ou sur de la chaux éteinte, on obtient des *mélanges* d'un chlorure et d'un hypochlorite, *improprement appelés chlorures*.

L'acide carbonique de l'air décomposant facilement les hypochlorites, avec dégagement de *chlore* et *d'oxygène*, ces mélanges remplacent le chlore dans ses applications, d'où leur nom de *chlorures décolorants*.

Exemples. — 1° *Eau de Javelle* : dissolution d'un mélange de 1 équivalent de chlorure de potassium (KCl) et de 1 équivalent d'hypochlorite de potasse (KO,ClO).

2° *Chlorure de chaux :* poudre blanche, déliquescente, à odeur caractéristique de chlore, mélange de 1 équivalent de chlorure de calcium (CaCl) et de 1 équivalent d'hypochlorite de chaux (CaO,ClO), que l'on obtient en faisant arriver du chlore sur de la chaux éteinte, contenue dans des chambres de plomb.

IODE

Symbole : Io. — Equiv. : 128.

104. Etat naturel et extraction. — Découvert par Courtois, étudié par Gay-Lussac. Se trouve à l'état d'iodure de potassium (KIo) et de sodium (NaIo) dans l'eau de la mer, les varechs, les fucus, dans l'azotate de soude du Chili, dans certaines eaux minérales, etc. S'obtient en traitant ces iodures, préalablement dissous, par un courant de chlore, qui précipite l'iode.

105. Propriétés. — Solide, couleur gris de fer, éclat métallique, très dense, odeur forte. *Passe rapidement* de l'état solide à l'état de *vapeurs violettes caractéristiques*, très denses : cristallise alors en se *sublimant* (1). Trs peu soluble dans l'eau, *très soluble* dans l'alcool (*teinture d'iode*), l'éther, le sulfure de carbone, etc., qu'il colore fortement en violet.

Comburant comme le chlore, donne avec l'hydrogène un hydracide, l'acide iodhydrique (HIo), analogue à l'acide chlorhydrique (HCl). Attaque la peau, qu'il colore en *brun*. — Dépuratif énergique.

Réactif de l'iode. L'empois d'amidon, que des *traces* d'iode colorent en *bleu*.

106. Applications. — Très employé en médecine (teinture d'iode, iodure de potassium, de sodium). Utilisé en photographie à l'état d'iodure d'argent (AgIo).

1. La *sublimation* est le passage direct de l'état de vapeur à l'état de solide cristallisé.

SOUFRE
Symbole : S. — Equiv. : 16.

107. État naturel. — A l'état natif, dans le voisinage des volcans, dans certains terrains tertiaires (Sicile). A *l'état de sulfures :* pyrite de fer (FeS^2), galène (PbS), blende (ZnS), etc.. A *l'état de sulfate :* sulfate de chaux (CaO, SO^3) ou plâtre, sulfate de magnésie (MgO, SO^3) qui donne à *l'eau de mer* sa saveur amère, etc. — Élément essentiel des *substances albuminoïdes.*

108. Extraction. — 1° *Traitement du soufre natif* (Sicile) (1). On forme avec les blocs de soufre des meules (*calkeroni*) à l'intérieur desquelles on met le feu : le soufre fond (2), se sépare de sa gangue, et se solidifie à l'air (*soufre brut*).

2° *Raffinage du soufre brut.* Par distillation : les vapeurs, arrivant dans la chambre froide, donnent d'abord de la *fleur de soufre*, puis, par suite de l'élévation de la température de la chambre, du soufre fondu que l'on coule dans des moules en bois légèrement coniques (*soufre en canons*).

109. Propriétés physiques. — Trois états *physiques* différents :

Premier État. Soufre ordinaire (en canons). Solide *jaune citron*, insipide, inodore. — Densité voisine

---

1. Le soufre s'extrait aussi de la pyrite de fer (FeS^2), décomposée au rouge dans des cornues en terre. On pourrait l'extraire du sulfate de chaux.

2. On voit qu'une partie du soufre sert de combustible et fournit la chaleur nécessaire à la fusion du reste.

de 2. — Insoluble dans l'eau. *Soluble dans le sulfure de carbone* (S^2C). Mauvais conducteur de la chaleur et de l'électricité (1) : s'électrise par le frottement Fond vers 115° : le liquide obtenu, d'abord *mobile* et jaune-clair, puis *pâteux* et brun vers 200°, redevient mobile à 240° et bout à 440° en donnant une vapeur incolore. — *Cristallise*: *à froid*, par évaporation de sa solution dans le sulfure de carbone, en octaèdres. *A chaud*, par solidification du soufre fondu, en prismes flexibles et transparents, redevenants pontanément opaques et octaédriques.

Deuxième État. Soufre amorphe. Incristallisable (2), *insoluble dans le sulfure de carbone.*

Troisième État. Soufre mou. Mélange des deux précédents, obtenu en coulant dans l'eau froide du soufre ordinaire fondu à 240°. Mou, élastique, redevient spontanément soufre ordinaire.

110. Propriétés chimiques. — *Combustible,* par suite *réducteur. Comburant* (comme l'oxygène).

Brûle (quel que soit son état physique) avec une flamme *bleue* et production de gaz acide sulfureux (SO^2) à odeur caractéristique :

$$S + 2O = SO^2.$$

Réduit l'acide sulfurique (SO^3,HO) à l'état d'acide sulfureux (SO^2) (§ 122).

Plongés dans la vapeur de soufre, beaucoup de

1. Plongé dans l'eau chaude, le soufre en canons fait entendre un craquement particulier (cri du soufre), dû à l'inégale dilatabilité des cristaux contenus à l'intérieur de sa masse.

2. Par définition même, un corps amorphe est incristallisable.

métaux, par exemple le fer et le cuivre chauffés, *y brûlent avec incandescence* (1).

Au rouge, le charbon y brûle aussi avec production de sulfure de carbone (CS^2).

111. Applications. — Soufrage des vignes (oïdium). Mèches |soufrées pour la conservation du vin (§ 118). Fabrication des allumettes, de la poudre de guerre, du sulfure de carbone, du caoutchouc vulcanisé, etc.

ACIDE SULFUREUX
Formule : SO^2. — Equiv. : 32.

112. Historique. — Etudié par Priestley (1774).

113. Etat naturel. — Se dégage des volcans en activité. Se produit dans la combustion des matières contenant du soufre.

114. Préparation. — *A chaud*, en réduisant l'acide sulfurique (SO^3, HO) par le charbon (C), le soufre (S), le cuivre (Cu), le mercure (Hg). Se recueille sur le mercure (fig. 22).

Avec le mercure (Hg), le résidu est du sulfate de mercure (HgO, SO^3) :

$$2\,(SO^3,\ HO) + Hg = SO^2 + HgO,\ SO^3 + 2HO.$$

Même réaction avec le cuivre :

$$2\,(SO^3,\ HO) + Cu = SO^2 + CuO,\ SO^3 + 2HO.$$

Dans l'industrie : 1° On traite l'acide sulfurique par le soufre (procédé Pictet). 2° On grille (prépara-

1. A froid, en présence de l'eau, le soufre se combine directement au fer.

tion industrielle de l'acide sulfurique) à l'air des pyrites de fer ou de cuivre.

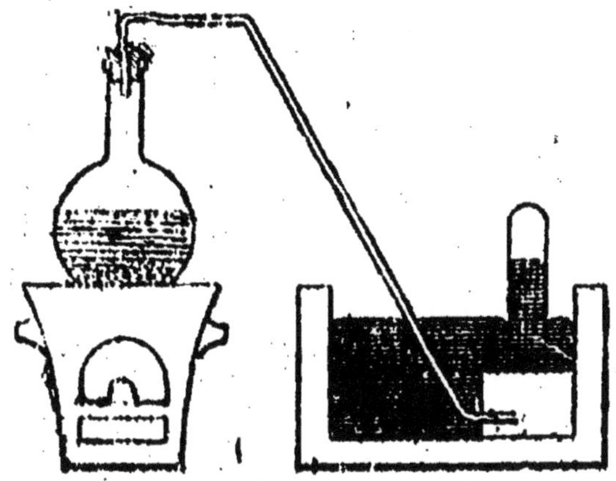

Fig. 22. — Préparation de l'acide sulfureux.

115. Propriétés physiques. — Gaz incolore. *Odeur suffocante provoquant la toux.* — Beaucoup plus dense que l'air. — Très soluble dans l'eau. Se liquéfie à — 10° : on envoie le gaz dans un matras entouré d'un mélange de glace pilée et de sel. Se solidifie à — 75°.

116. Propriétés chimiques. — Non combustible, *non comburant*. Cependant, possède une certaine affinité pour l'oxygène : par suite, est *réducteur* et *décolorant*.

En effet : 1° avec l'oxygène sec, en présence de la mousse de platine, devient *acide sulfurique anhydre* (SO^3) ; 2° avec l'oxygène *humide* (1), il devient spontanément acide sulfurique (SO^3, HO).

Par suite : 1° réduit l'acide azotique (AzO^5, HO) à l'état d'acide hypoazotique (AzO^4), en devenant

1. La dissolution d'acide sulfureux doit donc être préparée avec de l'eau bouillie, et garantie du contact de l'air.

(§ 122) acide sulfurique (SO^3, HO) : 2° altère un grand nombre de *matières colorantes ; décoloration* des roses, des violettes, du vin, de la soie, etc.

117. Propriétés physiologiques. — N'entretient pas la respiration. Arrête les fermentations.

118. Applications. — Blanchiment de la laine, de la soie, de la paille, des plumes, des éponges, etc. Conservation des vins (on brûle une mèche soufrée à l'intérieur du tonneau). Assainissement des salles d'hôpitaux. Destruction des parasites (guérison de la gale). Fabrication de la glace (appareil Pictet dans lequel on utilise le froid de — 40° produit par l'évaporation du **gaz acide sulfureux** liquéfié).

ACIDE SULFURIQUE
Formule : SO^3,HO. — Equiv. : 49.

119. Remarque. — Trois variétés d'acide sulfurique :

1° *Acide sulfurique anhydre* (SO^3) : corps solide, blanc, soyeux, avide d'eau, fumant abondamment à l'air (§ 116). 2° *Acide sulfurique fumant* (SO^3, $\frac{1}{2}$ HO) : liquide fumant à l'air. 3° *Acide sulfurique ordinaire* (SO^3,HO) : liquide ne fumant pas à l'air.

120. Historique. — Connu dès le xiii° siècle. Etudié par Lavoisier.

121. Etat naturel. — Rarement à l'état libre. A l'état de sulfates (§ 107).

122. Préparation industrielle. — Dans de

grandes *chambres de plomb* (métal inattaquable par l'acide *étendu*) où arrivent : 1° du gaz acide sulfureux (SO^2) préparé par grillage des pyrites (§ 114) ; 2° de l'acide azotique (AzO^5,HO) ; 3° de la vapeur d'eau ; 4° de l'air chaud.

Formules des réactions successives :

$$(1) \quad SO^2 + AzO^5, HO = SO^3, HO + AzO^4,$$
$$(2) \quad 2\, AzO^4 + 2HO = AzO^5, HO + AzO^3, HO.$$
$$(3) \quad SO^2 + AzO^3, HO = SO^3, HO + AzO^2.$$
$$(4) \quad AzO^2 + 2O = AzO^4.$$

Les formules (1) et (2) montrent comment l'acide sulfureux (SO^2) est transformé par l'acide azotique (AzO^5, HO) et l'acide azoteux (AzO^3, HO) en acide sulfurique (SO^3, HO) ; les formules (3) et (4), la régénération de l'acide azotique employé par l'action de la vapeur d'eau (HO) et de l'oxygène (O) de l'air sur les acides hypoazotique (AzO^4) et azoteux (AzO^3, HO), résidus des réactions (1) et (2). Donc, grâce à l'oxygène de l'air, une quantité *finie* d'acide azotique transforme en acide sulfurique une quantité *indéfinie* d'acide sulfureux (1).

Concentration de l'acide sulfurique. Marquant d'abord 52° Baumé, on le concentre à 60° Baumé par évaporation. Ensuite (car le plomb est alors attaqué) on le distille dans un alambic en platine, d'où il sort à 66° Baumé.

Remarque. — Les réactions (1), (2), (3), (4), se réalisent dans le laboratoire en envoyant, dans un grand ballon de verre, du bioxyde d'azote (AzO^2),

---

1. En réalité, c'est l'oxygène de l'air qui transforme l'acide sulfureux en acide sulfurique.

de l'air, de la vapeur d'eau (HO) et du gaz acide sulfureux (SO^2). Les réactions s'opèrent dans l'ordre (4), (2), (1), (3).

123. Propriétés physiques. — Liquide *brun*, incolore quand il est pur, *sirupeux* (propriété caractéristique), saveur très acide, inodore. — *Très dense :* D = 1,84 (marque alors 66° Baumé). — Bout à 325° : ébullition, dangereuse dans un ballon de verre, rendue régulière en plongeant dans le liquide quelques fils de platine.

124. Propriétés chimiques. — Acide *très énergique*, très corrosif : dans la proportion de $\dfrac{1}{1000}$, il communique à l'eau son acidité et sa saveur. *Décomposable par tous les corps réducteurs*, métalloïdes ou métaux, *à l'exception de l'or et du platine :* production d'acide sulfureux (SO^2) avec les métaux peu oxydables (cuivre, mercure) ; dégagement d'hydrogène (§ 44) avec les métaux très oxydables (fer, zinc).

Très avide d'eau : combinaison avec dégagement de chaleur pouvant élever la température à 100°, d'où les précautions à prendre en mélangeant les deux liquides.

Par suite : *sert à dessécher les gaz* (tubes, éprouvettes remplies de pierre ponce imbibée d'acide sulfurique) ; *carbonise* la plupart des matières organiques : bois, sucre, membranes animales et végétales, etc. ; *déshydrate* l'alcool ($C^4H^6O^2$), qu'il change en éther (C^4H^5O) ou en éthylène (C^4H^4).

A froid, il transforme la *cellulose* (coton, chiffons, papier, charpie, etc.) en *dextrine*, puis en *glucose* (sucre de chiffons).

125. Applications. — Le plus employé de tous les acides dans l'industrie : 1° fabrication des acides carbonique, azotique, chlorhydrique, etc. ; 2° fabrication du sulfate de soude et autres sels ; 3° fabrication du phosphore, des superphosphates ; 4° fabrication des bougies ; 5° fabrication du *sucre de chiffons* (§ 124) ; etc., etc.

126. Sulfates. — Sels presque tous solubles, dont le plus répandu est la *pierre à plâtre*, ou sulfate de chaux hydraté ($CaO, SO^3 + 2HO$), que la calcination transforme en *plâtre* ou sulfate de chaux anhydre (CaO, SO^3). Traités par l'azotate de baryte, les sulfates solubles donnent un précipité blanc caractéristique de sulfate de baryte (BaO, SO^3).

Sous l'influence des matières organiques, les sulfates du sol sont réduits avec production d'acide sulfhydrique (HS) : d'où le mode de production le plus ordinaire des *eaux minérales sulfureuses* (§ 128).

ACIDE SULFHYDRIQUE
Formule : HS. — Equiv. : 17.

127. Historique. — Etudié par Rouelle (1773). Analysé et appelé *hydrogène sulfuré* par Scheele.

128. Etat naturel. — Se dégage des volcans en activité. A l'état de dissolution dans les *eaux sulfureuses.* — Produit de la décomposition spontanée des substances albuminoïdes : d'où sa production dans les œufs pourris, les fosses d'aisances, etc.

129. Préparation. — On traite, à froid, un sulfure métallique par un acide. Se recueille sur l'eau, quoique assez soluble.

Ordinairement, on traite du sulfure de fer (FeS) par de l'acide sulfurique (SO^3, HO) ou par de l'acide chlorhydrique (HCl), en présence d'un excès d'eau (fig. 23):

$$FeS + SO^3,HO = HS + FeO, SO^3.$$
$$FeS + HCl = HS + FeCl.$$

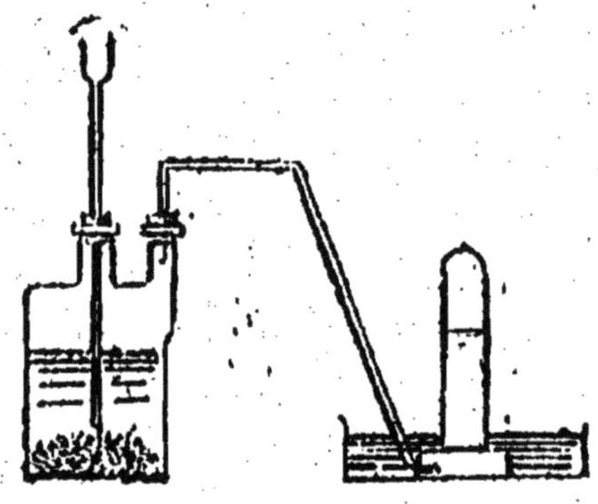

Fig. 23. — Préparation de l'acide sulfhydrique.

Résidu: sulfate de fer (FeO, SO^3) ou chlorure de fer (FeCl), tous deux solubles dans l'eau.

130. Propriétés physiques. — Gaz incolore, *odeur fétide* caractéristique d'œufs pourris. — Un peu plus dense que l'air. — Soluble dans l'eau, *absorbable par le charbon de bois* (§ 156). Liquéfiable et solidifiable.

131. Propriétés chimiques. — Acide faible (même composition en volumes que l'eau). *Combustible, réducteur.*

Brûle avec une flamme bleuâtre, production de vapeur d'eau (HO) et d'acide sulfureux (SO^2):

$$HS + 3O = HO + SO^2.$$

Il y a dépôt de soufre (S), s'il y a insuffisance d'oxygène ou d'air (§ 39).

A froid, en présence de l'eau, l'oxygène, le décompose avec production d'eau (HO) et dépôt de soufre (S):

$$HS + O = S + HO.$$

De là: 1° *les dépôts de soufre* dus aux eaux sulfureuses; 2° la nécessité de préparer la dissolution du gaz avec de l'eau bouillie, et de la garantir du contact de l'air.

Si, de plus, il y a en présence un *corps poreux*, le soufre se transforme partiellement en acide sulfurique (SO^3, HO): d'où l'*usure rapide du linge* dans les bains sulfureux.

Totalement décomposable, à froid, par le chlore (§ 94):

$$HS + Cl = S + HCl.$$

Réduit un grand nombre de sels, avec formation d'un sulfure métallique généralement noir. Par exemple: réduit la *céruse* ou carbonate de plomb (PbO, CO^2) avec formation d'un sulfure de plomb (PbS), *noir*, d'où la teinte noire des *vieux tableaux*.

Attaque presque tous les métaux, en les sulfurant: d'où la couleur noire du *vieil argent*.

132. Propriétés physiologiques. — Poison violent, dangereux dans la proportion de $\frac{1}{800}$: c'est le *plomb* des vidangeurs (1). Contrepoison : le chlore (§ 131).

133. Usages. — Employé en médecine: *bains sulfureux*.

134. Sulfures. — Très abondants dans la nature (§ 107). Proviennent souvent de la réduction des sulfates (§ 126) par

1. Dans les fosses d'aisances il existe surtout à l'état de *sulfhydrate d'ammoniaque* (AzH^3, HS), que l'on peut détruire par le chlore ou par le sulfate de fer.

les matières organiques. — Généralement, bons conducteurs de la chaleur et de l'électricité, *Facilement oxydables*, soit à froid, inflammation spontanée de la houille par suite de la chaleur dégagée par l'oxydation spontanée du sulfure de fer qu'elle contient), soit à chaud (grillage des pyrites, avec production d'acide sulfureux). *Chimiquement analogues aux oxydes*, se divisent comme eux en cinq classes (§ 216). Presque tous, traités par un acide (acide sulfurique, acide chlorhydrique), donnent un dégagement *caractéristique* de gaz acide sulfhydrique.

PHOSPHORE

Symbole : Ph. — Equiv. 31.

135. Historique. — Découvert et retiré de l'urine par Brandt (1669). Retiré des os par Scheele (1769).

136. État naturel. — Jamais libre, est très répandu à l'état de phosphate de chaux $(3CaO, PhO^5)$ dans certaines roches, dans la terre végétale, dans les os (80 0/0 de leur matière minérale), dans le sang, l'urine, etc. — Élément essentiel des *substances albuminoïdes*.

137. Préparation (procédé Scheele). — 1° *On calcine les os à l'air* (§ 99, 156). L'osséine est détruite : il reste la matière minérale (*os blancs*) composée de

    80 0/0. . . . . phosphate de chaux (CaO, PhO^5),
    20 0/0 . . . . carbonate de chaux (CaO, CO^2).

2° *On traite le résidu par l'eau bouillante additionnée d'acide sulfurique.* Transformation du phosphate de chaux, *insoluble*, en superphosphate de chaux $(CaO, 2HO, PhO^5)$ *soluble*, avec production de sulfate de chaux (CaO, SO) ; du carbonate de chaux (CaO, CO²) en sulfate de chaux (CaO, SO³), avec dégagement de gaz acide carbonique (CO²).

3° *On décante la solution de superphosphate* (le sulfate de chaux est insoluble). On l'évapore à consistance sirupeuse, on y mélange du charbon de bois, et on calcine jusqu'à consistance solide.

4° *On distille le mélange au rouge vif.* Cornues en grès, dont les cols se rendent dans des récipients

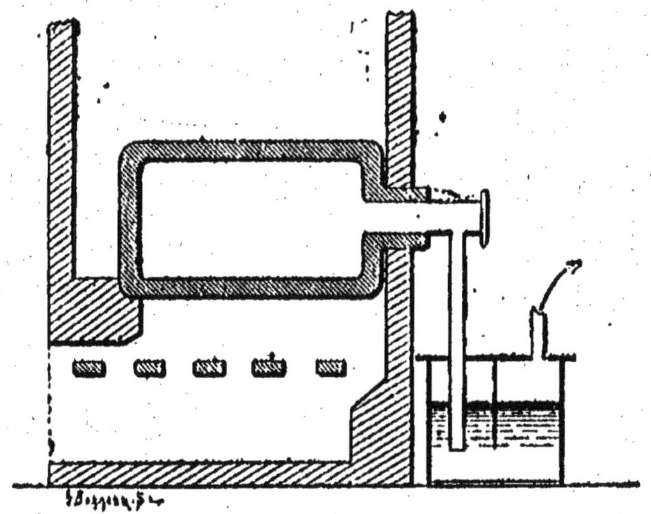

Fig. 24. — Préparation du phosphore.

décompose les $\frac{2}{3}$ de l'acide phosphorique (PhO⁶), avec production de vapeurs de phosphore (Ph), en grès, remplis d'eau froide (fig. 24). Le charbon qui se condensent dans l'eau, et de gaz oxyde de carbone (CO) qui se dégage :

$$\text{PhO}^6 + 5\text{C} = \text{Ph} + 5\text{CO}.$$

5° *Purification.* Fondu dans l'eau à 50°, on fait traverser au phosphore une couche de noir animal,

4.

puis on le coule dans des tubes en verre plongés dans l'eau froide.

138. Allotropie du phosphore. — Se présente sous deux états :

Phosphore ordinaire ou phosphore blanc,
Phosphore rouge ou phosphore amorphe,

avec des *propriétés physiques et chimiques différentes.*

Mais 31 gr. d'un des deux phosphores, brûlant dans 40 gr. d'oxygène, donnent toujours 71 gr. d'acide phosphorique :

$$Ph + 5O = PhO^5.$$

Ces deux substances n'en font donc qu'une (1).

139. Propriétés physiques. — 1° *Phosphore ordinaire.* Solide, *mou,* flexible, *jaunâtre,* transparent, *odeur d'ail.* — $D = 1,84.$ — Insoluble dans l'eau, *soluble dans le sulfure de carbone.* Fond à 44°. Cristallisable, à froid, en dodécaèdres. Se recouvre, dans l'eau, d'une *croûte blanche* de cristaux microscopiques, d'où son nom de *phosphore blanc.*

2° *Phosphore rouge.* Solide, opaque. — $D = 2,1.$ — *Insoluble dans l'eau et dans le sulfure de carbone.* Ne cristallise, en rhomboèdres, qu'à une très haute température : d'où le nom vulgaire, mais impropre, de *phosphore amorphe.*

140. Propriétés chimiques. — 1° *Phosphore ordinaire. Combustible,* s'enflamme à 60° ou par le simple frottement, d'où la nécessité de le conser-

1. C'est cette particularité que l'on exprime en disant que le phosphore est un corps *allotrope.*

ver et de le *manier sous l'eau* (1). Brûle avec une flamme blanche, brillante, et production d'acide phosphorique (PhO⁵) :

$$Ph + 5O = PhO^5.$$

A la température ordinaire, combustion lente, avec *phosphorescence*, et production d'acide phosphoreux (PhO³) :

$$Ph + 3O = PhO^3.$$

S'enflamme spontanément dans le chlore (Cl.).

Réducteur, attaque *avec explosion* l'acide azotique concentré (AzO⁵,HO), *sans explosion* l'acide étendu d'eau : il y a toujours production d'acide phosphorique *ordinaire* (PhO⁵,3HO). Réduit aussi l'eau, à 100°, en présence des bases alcalines (§ 147).

2° *Phosphore rouge*. Affinités chimiques moins énergiques que celles du phosphore ordinaire. *Combustible*, ne s'enflamme qu'à 240° : n'est donc pas dangereux à manier. Ne s'oxyde à l'air que très lentement. *Non phosphorescent*. Réduit, *sans explosion*, l'acide azotique concentré (AzO⁵,HO). Ne réduit l'eau, à 100°, en présence des alcalis, que si la solution alcaline est *très concentrée*.

141. Propriétés physiologiques. — *Très vé-néneux* à l'état de phosphore ordinaire. *Non vénéneux* à l'état de phosphore rouge.

142. Préparation du phosphore rouge. — En soumettant le phosphore ordinaire à l'action prolongée, en vase clos, d'une température de 240° :

1. Brûlures dangereuses.

le phosphore non transformé est séparé du phosphore rouge au moyen du sulfure de carbone (1).

143. Applications. — Fabrication des *allumettes :* dangereuses au phosphore ordinaire, inoffensives au phosphore rouge.

ACIDE PHOSPHORIQUE ANHYDRE

Formule : PhO^5. — Equiv. : 71.

144. Préparation et Propriétés. — S'obtient en brûlant du phosphore sous une cloche pleine d'air sec, placée sur une assiette sèche (fig 25) :

$$Ph + 5O = PhO^5.$$

Poudre neigeuse, *très avide d'eau*, constituant le desséchant *par excellence des gaz*.

La dissolution de l'acide anhydre dans l'eau (*sifflement* du fer rouge) donne trois hydrates :

Fig. 25. — Préparation de l'acide phosphorique anhydre.

Acide métaphosphorique. . . . . . . $PhO^5,HO,$
Acide pyrophosphorique. . . . . . . $PhO^5,2HO,$
Acide phosphorique ordinaire. . . . $PhO^5,3HO,$

qui sont trois acides différents, donnant trois *genres de sels :* métaphosphates, pyrophosphates et phosphates.

1. L'action prolongée de la lumière sur le phosphore ordinaire le transforme partiellement en phosphore rouge.

145. Phosphates. — Le plus important est le *phosphate de chaux* $(3(CaO),PhO^5)$, sel solide, blanc, *insoluble dans l'eau pure*, et *engrais chimique* précieux, une fois transformé en superphosphate de chaux soluble (§ 136).

HYDROGÈNE PHOSPHORÉ

Formule: PhH^3. — Equiv.: 34.

146. Historique et état naturel. — Découvert par Gingembre (1783). Produit de la décomposition spontanée des matières organiques phosphorées, particulièrement des matières albuminoïdes: *feux follets* des cimetières et des marais.

147. Préparation. — *A chaud*, en décomposant l'eau par le phosphore en présence de la potasse, de la soude ou de la chaux.
— *A froid*, en décomposant l'eau par le phosphure de calcium (Ca^2Ph).

Ordinairement (fig. 26), ballon de verre rempli de fragments de phosphore placés au milieu d'une bouillie épaisse de chaux éteinte (CaO,HO). Se recueille sur l'eau (1).

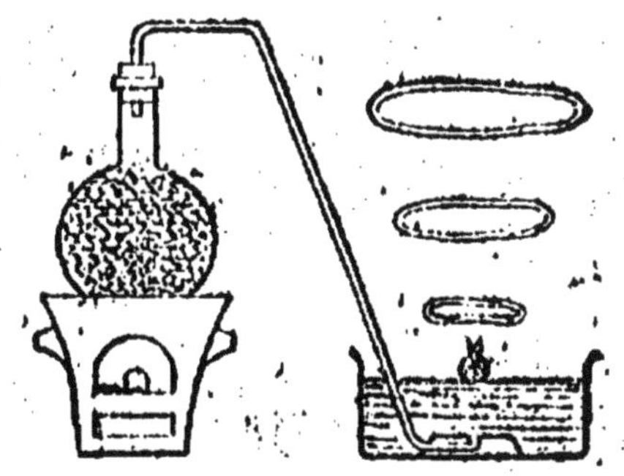

Fig. 26. — Préparation de l'hydrogène phosphoré spontanément inflammable.

Résidu: hypophosphite de chaux $(CaO,2HO,PhO)$.

148. Propriétés. — Gaz incolore, *odeur alliacée*,

1. Le gaz ainsi préparé contient toujours de l'hydrogène (H) et du phosphure d'hydrogène liquide (PhH^2).

un peu plus dense que l'air, peu soluble. *S'enflamme spontanément* à l'air (grâce à des traces de *phosphure d'hydrogène liquide*) : brûle avec une flamme blanche très éclairante, production de vapeur d'eau (HO) et de *couronnes caractéristiques* d'acide phosphorique anhydre (PhO^5) :

$$PhH^3 + 8O = PhO^5 + 3HO.$$

S'enflamme spontanément dans le chlore, avec explosion (1).

Chimiquement analogue au gaz ammoniac (AzH^3).

CARBONE

Symbole : C. — Équiv. : 6.

149. État naturel. — Entre dans la composition de toutes les matières organiques (à très peu près). A l'*état natif*, dans le sol : diamant, graphite, charbons naturels. A l'état d'*acide carbonique* dans les eaux naturelles, l'atmosphère. A l'état de *carbonate de chaux* (CaO, CO^2) dans les roches sédimentaires, les tissus végétaux et animaux, etc.

150. Allotropie du carbone. — Se présente sous trois états :

Diamant,
Graphite,
Carbone amorphe ou charbon,

avec des propriétés *physiques et chimiques* différentes.

Mais 6 gr. d'un de ces carbones, en brûlant dans

1. L'hydrogène phosphoré *pur* ne s'enflamme pas spontanément à l'air. Mais il s'enflamme toujours spontanément dans le chlore.

16 gr. d'oxygène, donnant toujours 22 gr. de gaz acide carbonique :

$$C + 2O = CO^2,$$

ces trois substances n'en font donc qu'une (§ 136).

151. Propriétés physiques et chimiques communes aux trois états du carbone. — Solides, généralement noirs, infusibles aux températures de nos fourneaux, insolubles dans tous les liquides, sauf dans la fonte de fer en fusion. — *Combustibles, réducteurs.*

Brûlent, dans un *excès* d'oxygène ou d'air, *sans flamme*, en produisant de l'acide carbonique (CO^2). S'il y a quantité insuffisante d'oxygène ou d'air, formation simultanée d'acide carbonique (CO^2) et de gaz oxyde de carbone (CO).

Au rouge, brûlent directement dans la vapeur de soufre, avec production de sulfure de carbone (CS^2):

$$C + 2S = CS^2.$$

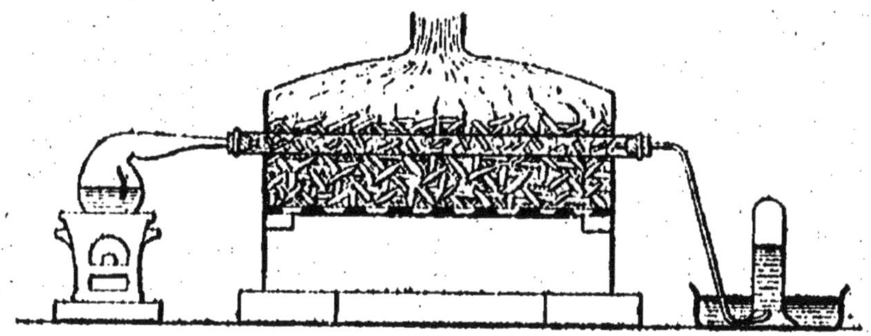

Fig. 27. — Décomposition de l'eau par le charbon au rouge.

Réduisent, au rouge : 1° la vapeur d'eau (HO), avec production (fig. 27), d'un mélange inflammable (*gaz d'eau*) formé d'hydrogène (H), oxyde de carbone CO) et acide carbonique (CO).

2° L'acide carbonique (CO), avec production d'oxyde de carbone (CO) :

$$C + CO^2 = 2CO.$$

3° Un grand nombre d'oxydes et de carbonates métalliques : *métallurgie* du fer, du zinc, etc.

Remarque. — Sous l'influence de l'arc voltaïque, le carbone se combine à l'hydrogène pour donner du gaz acétylène (C^4H^2) (§ 183). Au rouge, en présence d'un *alcali* (potasse, soude, chaux, ammoniaque), il s'unit à l'azote pour donner du cyanogène (C^2Az) (§ 180).

152. Diamant. — Se trouve dans les sables d'alluvions les plus anciens.

Reconnu *carbone pur* par Lavoisier, qui a démontré sa combustibilité dans l'oxygène avec production d'acide carbonique pur (CO^2) (§ 157).

Incolore (quand il est pur), *transparent*, *très réfringent* (d'où son éclat). *Le plus dur* de tous les corps ; cassant. — Très dense : $D = 3,5$. — *Mauvais conducteur* de la chaleur et de l'électricité. Cristallisé en octaèdres plus ou moins modifiés par des facettes.

Se taille d'abord par éclats en utilisant les faces de *clivage*, puis est usé au moyen de sa propre poussière. Deux formes principales : 1° *roses* ou diamants plats ; 2° *brillants* ou diamants coniques.

Usages. Bijouterie. Taille du verre, etc.

153. Graphite ou plombagine. — Appelé encore *mine de plomb*. Se trouve dans les terrains primitifs.

Gris, opaque, onctueux au toucher, *rayable à l'ongle*, laisse une tache grise sur le papier. — D = 2,2. — *Bon conducteur* de la chaleur et de l'électricité. Cristallisé en paillettes hexagonales(1).

Usages. Fabrication des crayons. Moules de galvanoplastie, etc.

154. CHARBONS. — Un grand nombre de variétés plus ou moins riches en carbone pur.

1°*Charbons naturels :* Anthracite, houilles, lignites, tourbe (dans l'ordre d'ancienneté décroissante). Origine végétale: proviennent d'une lente *carbonisation* (2) des végétaux des terrains secondaires, tertiaires et quaternaires. Contiennent d'autant plus de carbone que leur origine est plus ancienne.

2° *Charbons artificiels :* Charbon de bois, coke, charbon des cornues, noir de fumée, noir animal, etc.

155. Charbons naturels. — 1° *Anthracite.* Se trouve dans les terrains antérieurs au terrain carbonifère. *Noir, dur,* brûle difficilement en donnant beaucoup de chaleur. D. = 2.

2°*Houilles.* Se trouvent dans le *terrain carbonifère.* Feuillets noirs, brillants, entre lesquels se trouve du formène (C^2H^4). — D = 1,4 en moyenne. — Brûlent en donnant beaucoup de chaleur, quoique moins que

1. Peut se préparer au moyen du diamant ou du charbon des cornues, tandis que le diamant n'a pu être obtenu artificiellement.

2. Cette carbonisation est le résultat final d'une sorte de fermentation analogue à la *fermentation tourbeuse* qui, actuellement, produit la tourbe dans les marais.

l'anthracite. — Se présentent soit à l'état de *houilles grasses*, qui brûlent avec une flamme fuligineuse, en se gonflant, soit à l'état de *houilles maigres*, qui brûlent avec une flamme courte, et donnent moins de chaleur que les précédentes.

3° *Lignites*. Se trouvent dans les terrains tertiaires. Houilles de formation récente, qui brûlent en donnant peu de chaleur (1).

4° *Tourbe*. Dans les terrains quaternaires et modernes. Brûle lentement, en donnant encore moins de chaleur que les lignites.

156. Charbons artificiels. — 1° *Charbon de bois*. Produit de la carbonisation (combustion incomplète) du bois. — Se prépare : 1° par distillation du bois dans des *cornues en tôle :* opération donnant le charbon destiné à la *poudre de guerre* (§ 79); 2° par le procédé des *meules*, monceaux recouverts d'une couche épaisse de gazon, construits avec des *rondins* de bois, à l'intérieur desquels on met le feu par l'ouverture supérieure d'une *cheminée centrale* ménagée à cet effet : opération donnant le *charbon de cuisine*.

Noir, sans éclat, sonore, cassant, poreux, *mauvais conducteur* de la chaleur et de l'électricité. *Absorbe les gaz*, d'autant plus qu'ils sont plus solubles : par suite, absorbe en grandes quantités les gaz ammoniac (AzH^3) et acide sulfhydrique (HS), d'où ses *propriétés désinfectantes* (purification des eaux vaseuses). — Au rouge, devient *bon conducteur* de la chaleur et de l'électricité (*braise*).

1. Le *jais* est une sorte de lignite.

Usages. Combustible usuel. Fabrication de la poudre. Utilisé pour filtrer l'eau potable, etc.

2° *Coke.* Produit de la carbonisation de la houille, se prépare par les mêmes procédés que le charbon de bois.

Gris noirâtre, éclat métallique, poreux, *assez bon conducteur* de la chaleur (difficile à allumer) et de l'électricité.

Usages. Combustible précieux.

Remarque. — Actuellement, dans la métallurgie, le coke et la houille remplacent le charbon de bois.

3° *Charbon des cornues.* Produit de la décomposition, au rouge cerise, des carbures d'hydrogène qui se forment dans les cornues à gaz (§ 195). Très dur, très compact, très dense, *bon conducteur* de la chaleur et de l'électricité.

Utilisé dans les piles, la production de la lumière électrique, etc.

4° *Noir de fumée.* Produit de la combustion incomplète des résines. Employé à la fabrication de l'encre d'imprimerie (§ 94), de l'encre de Chine, etc.

5° *Noir animal.* Produit de la calcination des os en *vases clos.* Formé de :

Charbon. 10 0/0
Carbonate et phosphate de chaux. 90 0/0

Poreux, absorbe rapidement les *matières colorantes* (décoloration du tournesol, du vin, etc.) : d'où son emploi pour transformer la cassonade en *sucre blanc.*

ACIDE CARBONIQUE

Formule : CO_2. — Equiv. : 22.

157. Historique. — Isolé par Van Helmont (1648). Composition en volumes (1) déterminée par Lavoisier (1776). Composition en poids déterminée par Dumas (1840).

158. État naturel et production. — *A l'état libre*, dans l'atmosphère. *A l'état de dissolution*, dans les eaux naturelles (§ 57), les eaux et boissons gazeuses. *A l'état de carbonate de chaux*, dans les roches d'origine sédimentaire (calcaire, craie, marbre, etc.), dans les tissus (*tissu osseux*, p. ex.). A l'état de *bicarbonate de chaux*, sel soluble, qui lui sert de véhicule dans les eaux courantes (§57), etc.

Produit de l'activité volcanique, se dégage de certaines fissures du sol (grotte du Chien, à Naples). Produit de la combustion vive des matières carbonées, ainsi que de leur combustion lente (respiration des animaux et des végétaux). Produit ultime de la décomposition spontanée des matières organiques, et, généralement, de toutes les *fermentations* (fermentation du jus de raisin, panification, etc.)

1. En brûlant un diamant dans un ballon rempli d'oxygène pur, renversé sur la cuve à mercure, Lavoisier a constaté que l'oxygène se convertit en acide carbonique sans changer de volume : un volume d'acide carbonique renferme donc son volume d'oxygène. On admet qu'il renferme son demi-volume de vapeur de carbone : donc 2 vol. d'acide carbonique renferment 2 vol. d'oxygène et 1 vol. de vapeur de carbone.

159. Préparation. — *A froid*. On traite un carbonate par un acide fixe. Se recueille sur l'eau.

Dans le laboratoire, on traite (fig. 28) le marbre ou la craie (CaO, CO²) par l'acide chlorhydrique (HCl) étendu d'eau :

$$CaO,CO^2 + HCl = CO^2 + HO + CaCl.$$

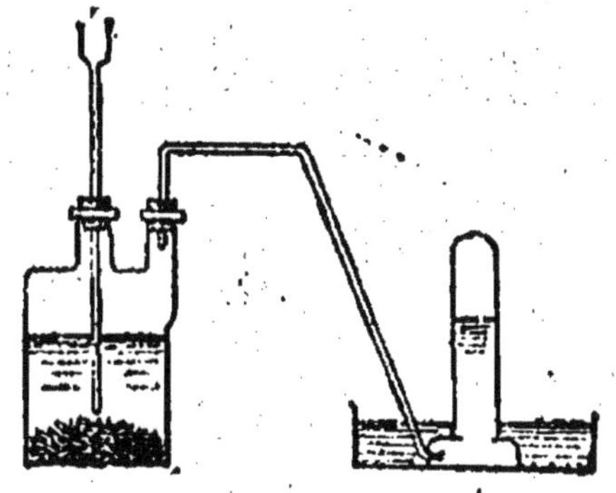

Fig. 28. — Préparation de l'acide carbonique.

Résidu : chlorure de calcium (Ca Cl), soluble dans l'eau en excès.

Dans l'industrie, on emploie l'acide sulfurique (SO³, HO) :

$$CaO,CO^2 + SO^3,HO = CO^2 + HO + CaO,SO^3.$$

Résidu : sulfate de chaux (CaO, SO³), peu soluble.

Remarque. — On peut encore décomposer par la chaleur le carbonate de chaux (§ 164).

160. Propriétés physiques. — Gaz incolore, inodore, *saveur piquante et aigrelette* de l'eau de Seltz. — *Beaucoup plus dense* que l'air : d = 1,52. Si on renverse une éprouvette remplie de gaz acide carbonique au-dessus d'une bougie allumée, l'acide tombe et la bougie s'éteint. — *Soluble dans l'eau*, qui peut dissoudre alors le carbonate de chaux (qui devient bicarbonate de chaux), la silice, substances nécessaires à la nutrition des plantes et des animaux. — Liquéfiable à — 80°, ou par sa propre pression (appareil Thilorier). Solidifiable vers — 110° en *neige* ou en *cristaux*.

161. Propriétés chimiques. — Acide faible. *Ni combustible, ni comburant :* une bougie allumée s'éteint dans l'acide carbonique.

S'unit directement à la température ordinaire, à la potasse, à la soude, à la chaux, pour former du carbonate de potasse, de soude, ou de chaux.

Réduit, au rouge par le charbon (§ 166), avec production d'oxyde de carbone (CO) :

$$CO^2 + C = 2CO.$$

Réactif de l'acide carbonique. L'eau de chaux, qui se trouble par suite de la production de carbonate de chaux (CaO, CO^2) *insoluble :*

$$CO^2 + CaO = CaO.CO^2.$$

Exemple. — Démonstration de l'existence, en grandes proportions, de l'acide carbonique, dans l'air expulsé des poumons.

162. Rôle et propriétés physiologiques. — N'entretient pas la respiration, *mais n'est pas délétère.* Asphyxie dès que sa proportion dans l'air atteint, en volumes, 30 0/0, parce qu'alors, par sa pression propre, il empêche le sang veineux de se débarrasser de l'acide carbonique qu'il charrie. *Anesthésique.*

Décomposé, en présence de la lumière solaire, par la *chlorophylle,* matière verte des végétaux, leur fournit ainsi le carbone nécessaire à la constitution de leurs tissus, l'oxygène étant mis en liberté (§ 220).

Remarque. — Cette décomposition de l'acide carbonique, sa solubilité dans l'eau courante, tendent à rendre invariable, en oxygène et en acide carbonique, la composition de l'air atmosphérique (§ 66).

163. Applications. — Fabrication des eaux et boissons gazeuses : eau de Seltz (1).

164. Carbonates. —Très répandus : *carbonate de chaux* (calcaire, craie, marbre), *carbonate, de fer, carbonate de zinc* (minerais de fer et de zinc), etc. Généralement insolubles, sauf les carbonates alcalins (§ 220). Décomposables par la chaleur (sauf les carbonates de potasse, de soude et de baryte) : par exemple, la décomposition, au rouge, du carbonate de chaux (CaO,CO^2) en chaux vive (CaO) et acide carbonique (CO^2) :

$$CaO,CO^2 = CaO + CO^2.$$

Dans l'industrie, les plus employés sont les carbonates de soude (NaO,CO^2) et de potasse (KO,CO^2).

Tous font effervescence avec les acides en donnant un dégagement caractéristique de gaz acide carbonique (CO^2).

OXYDE DE CARBONE
Formule : CO. — Equiv. : 14.

165. Historique. — Découvert par Priestley (1799).

166. Préparation. — *Au rouge*, en réduisant l'acide carbonique (CO^2) par le charbon (C). Courant d'acide carbonique ; tube en grès plein de braise portée au rouge ; flacon laveur à potasse pour absorber l'acide carbonique non décomposé (fig. 29). Se recueille sur l'eau.

$$CO^2 + C = 2CO.$$

1. S'obtient, dans les ménages, par l'action du bicarbonate de soude sur l'acide tartrique en poudre : l'action ne se produit que lorsque le mélange des deux poudres est mouillé.

Remarque. — Se prépare encore en décomposant l'acide oxalique (CO,CO^2,HO) (§ 76) par l'acide sulfurique (SO^3,HO), à une douce chaleur :

$$CO,CO^2,HO + SO^3,HO = CO + CO^2 + SO^3,2HO.$$

Flacon laveur à potasse pour absorber l'acide carbonique (CO^2).

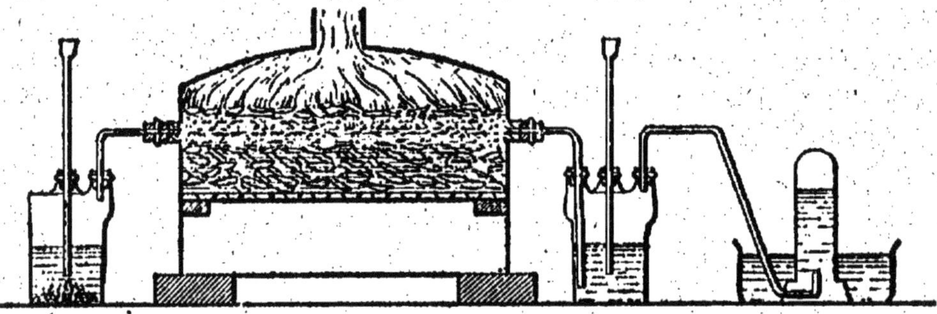

Fig. 29. — Préparation de l'oxyde de carbone par l'acide carbonique et le charbon.

167. Propriétés physiques et chimiques.

—Gaz incolore, insipide, inodore, très peu soluble. — Moins dense que l'air. — Traverse la *fonte chauffée au rouge* (inconvénients des poêles en fonte). Liquéfiable et solidifiable.

Oxyde neutre. Combustible, réducteur. — Brûle avec une flamme bleue caractéristique, et production d'acide carbonique (CO^2) :

$$CO + O = CO^2.$$

Joue le rôle de *réducteur* dans les hauts fourneaux où l'on extrait le fer de ses minerais (§ 212).

168. Propriétés physiologiques. — *Très*

vénéneux, dangereux dans la proportion de 3 0/0 : forme avec l'hémoglobine du sang un composé stable que l'oxygène ne peut décomposer, d'où l'*asphy-xie des globules du sang* (symptômes : mal de tête, nausées, etc.).

169. Production. — Se forme chaque fois que du charbon brûle dans une quantité insuffisante d'air, ou qu'il y a réduction d'acide carbonique par du charbon au rouge, sans que l'oxyde de carbone soit brûlé (1). De là, *les dangers d'un tirage insuffisant* dans l'emploi des poêles, fourneaux, foyers, et surtout les dangers qui résultent de l'emploi des *poêles mobiles.*

SULFURE DE CARBONE

Formule : CS^2. — Equiv. : 38.

170. Préparation. — *Au rouge*, par l'union directe du carbone et du soufre. Se recueille sous l'eau.

$$C + 2S = CS^2.$$

Dans le laboratoire, cornue en grès, tubulée, remplie de braise chauffée au rouge, avec allonge pénétrant dans un récipient refroidi contenant de l'eau. Soufre introduit par l'extrémité d'un tube de porcelaine, engagé dans la tubulure, fermé avec un bouchon (fig. 30).

Dans l'industrie, même procédé.

171. Propriétés physiques et chimiques.— Liquide incolore, mobile, *vaporisable à basse tem-*

1. La décomposition de l'eau par le charbon au rouge produit aussi de l'oxyde de carbone (§ 151). De là, précautions à prendre quand on éteint du charbon avec de l'eau.

5.

pérature, bouillant à 45°, *à odeur fétide* (choux pourris) quand il est impur. — D = 1,3. — *Dissolvant* du soufre et du phosphore ordinaires, *des corps gras*, du *caoutchouc*, de l'iode, etc.

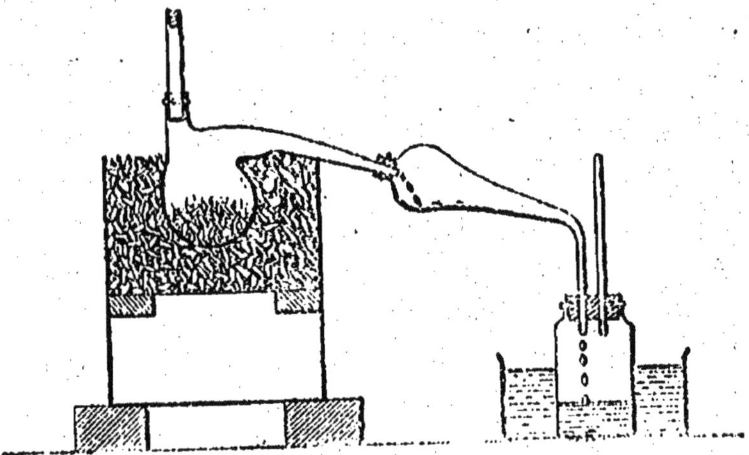

Fig. 30. — Préparation du sulfure de carbone.

Combustible, brûlé avec une flamme bleue en produisant de l'acide carbonique (CO^2) et de l'acide sulfureux (SO^2) :

$$CS^2 + 6O = CO^2 + 2SO^2.$$

Sa vapeur, très dense, forme avec l'oxygène et avec l'air des *mélanges explosifs* dangereux. — Produit de la combustion du charbon dans la vapeur de soufre il est chimiquement analogue à l'acide carbonique (CO^2), d'où son nom *d'acide sulfocarbonique*. Donne des sels appelés *sulfocarbonates* : par exemple, le sulfocarbonate de potasse (KS,CS^2), sel correspondant au carbonate de potasse (KO,CO^2).

173. Propriétés physiologiques. — Vénéneux. Arrête les fermentations.

173. Applications. — 1° Vulcanisation du caoutchouc qui, trempé dans du sulfure de carbone contenant un peu de soufre, devient *flexible* à toute température. — 2° Séparation du phosphore ordinaire du *phosphore rouge*. — 3° Extraction des *corps gras* (traitement des laines, des chiffons gras, etc.) — 4° Destruction des parasites (phylloxéra), etc.

CYANOGÈNE ET ACIDE CYANHYDRIQUE.

174. CYANOGÈNE : $C^2Az = 26$. — Retiré de l'*acide prussique* par Gay-Lussac.

Se prépare en décomposant par la chaleur le cyanure de mercure (HgC^2Az) sec. Se recueille sur le mercure (fig. 31).

$$Hg(C^2Az) = C^2Az + Hg.$$

Une fraction du cyanogène mis en liberté reste dans la cornue sous forme d'une *matière solide noire*, le *paracyanogène*, variété allotropique (§138) du cyanogène.

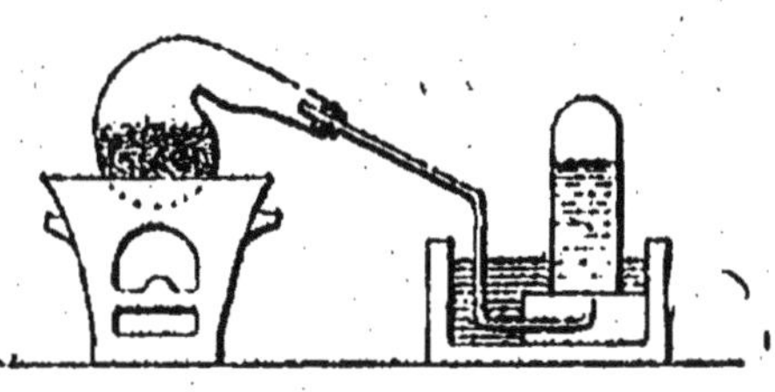

Fig. 31. — Préparation du cyanogène.

175. Propriétés. — Gaz incolore, *odeur pénétrante et suffocante*. *Vénéneux*. Plus dense que l'air. Soluble dans l'eau.

Composé endothermique. *Combustible*, brûle avec une *flamme pourpre* actéristique, et production d'acide carbonique (CO^2), avec mise en liberté de l'azote (Az):

$$C^2Az + 4O = 2CO^2 + Az.$$

Chimiquement analogue au chlore, au brome, à l'iode : type des corps qui, comme l'ammonium (AzH^4), sont appelés *radicaux* parce que, composés, ils possèdent les propriétés de certains corps simples. — Synthèse : voy. § 180.

176. ACIDE CYANHYDRIQUE ; $H(C^2Az) = 27$. — Découvert par Scheele (1782) qui, l'ayant retiré du *bleu de Prusse* ($Fe^7C^{18}Az^3$), l'appela *acide prussique*.

Produit de la fermentation de l'*amygdaline*, se trouve dans la feuille de pêcher, dans les *amandes* de pêche, cerise, abricot, etc.

177. Préparation. — *A chaud*, en décomposant le cyanure de mercure (HgC^2Az) par l'acide chlorhydrique (HCl). Ballon en verre ; tube rempli de marbre et de chlorure de calcium pour arrêter l'excès d'acide chlorhydrique et dessécher le gaz ; récipient refroidi où se condense la vapeur obtenue (fig. 32). *Préparation dangereuse.*

$$Hg(C^2Az) + HCl = H(C^2Az) + HgCl.$$

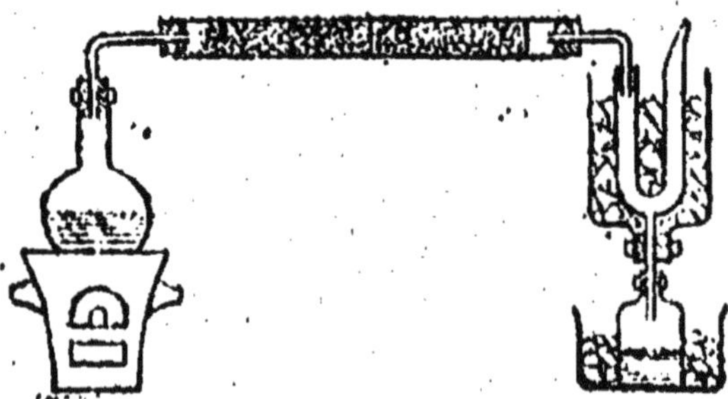

Fig. 32. — Préparation de l'acide cyanhydrique.

Résidu : bichlorure de mercure ($HgCl$).

178. Propriétés physiques et chimiques. — Liquide incolore, *odeur pénétrante d'essence d'amandes amères* (kirsch). Bouillant à basse tenpérature (28°), et par suite répandant *d'abondantes vapeurs dangereuses à respirer*. Soluble dans l'eau. — Altérable à l'air. Brûle avec une *flamme pourpre* (comme le cyanogène) :

$$H(C^2Az) + 5O = HO + 2CO^2 + Az.$$

Chimiquement analogue à l'acide chlorhydrique (HCl).

179. Propriétés physiologiques. — *Le plus violent des poisons connus*, soit à l'état liquide, soit à l'état de vapeurs (mort de Scheele). Dilué, est employé en médecine.

180. Cyanures. — Composés tous vénéneux, se produisant par l'union de l'azote avec le charbon au rouge (*synthèse du cyanogène*), en présence d'un alcali : potasse, soude ou ammoniaque.

CARBURES D'HYDROGÈNE

181. Etat naturel et propriétés. — Corps *neutres*, appelés souvent *hydrocarbures*. Produits de sécrétion des cellules végétales. Ex : le caoutchouc. Se forment aussi dans la décomposition par la chaleur d'un grand nombre de matières organiques.

A la température ordinaire, se présentent, soit à l'état de gaz, soit à l'état liquide, soit à l'état solide, *leur fixité augmentant avec l'équivalent :*

Formène	Gazeux.	$C^2H^4 =$	16.
Benzine	Liquide.	$C^{12}H^6 =$	78.
Naphtaline	Solide.	$C^{20}H^8 =$	128.

Décomposables partiellement au rouge (charbon des cornues). *Combustibles* et *réducteurs* ; brûlent avec une flamme éclairante (*fuligineuse* si le carbone est en excès), en produisant de la vapeur d'eau (HO) et du gaz acide carbonique (CO_2). A l'état de vapeur ou de gaz, forment des *mélanges explosifs* avec l'oxygène ou avec l'air. — Par oxydation lente, ou par hydratation, se transforment en *alcools* (§ 192).

182. Carbures types. — Au nombre de trois, tous gazeux :

Formène. . . C_2H^4. . .	Type des carbures paraffines.
Éthylène. . . C^4H^4. . .	— oléfines.
Acétylène. . . C^4H^3. . .	— acétyléniques.

183. Synthèse des carbures types (Berthelot). — 1° *Acétylène.* — Courant d'*hydrogène* pur et sec traversant un ballon dans lequel se trouvent deux baguettes de *charbon des cornues*, entre lesquelles jaillit l'*arc voltaïque* (fig. 33) :

$$4C + 2H = C^4H^2.$$

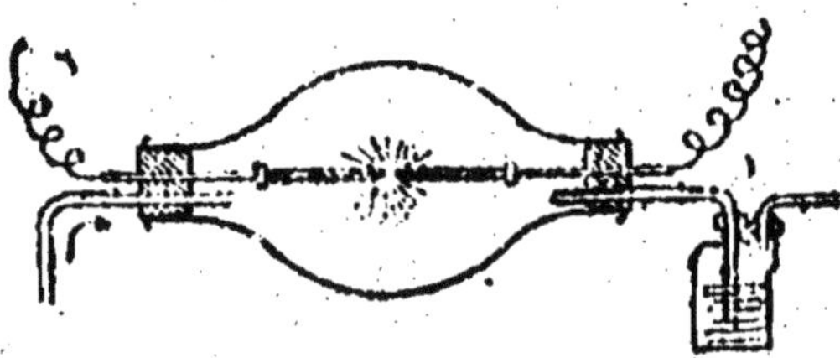

Fig. 33. — Synthèse de l'acétylène.

L'acétylène formé traverse un flacon contenant une dissolution ammoniacale de protochlorure de cuivre (Cu_2Cl), avec laquelle il forme de l'*acétylure de cuivre* ($C^4H^2,2Cu^2O$), précipité rouge-brun qui, traité par l'acide chlorhydrique, régénère le gaz acétylène (C^4H^2).

2° *Autres carbures.* — Par l'action de la chaleur seule, l'acétylène devient *benzine* ($C^{12}H^6$) :

$$3C^4H^2 = C^{12}H^6,$$

Chauffé avec de l'hydrogène, il devient *éthylène* (C^4H^4) :

$$C^4H^2 + 2H = C^4H^4.$$

Celui-ci, au rouge sombre, se dédouble en plusieurs carbures, parmi lesquels le *formène* (C^2H^4).

GAZ DES MARAIS
Formule : C^2H^4. — Equiv. : 16.

184. Synonymie. — Protocarbure d'hydrogène, formène, méthane, grisou.

185. Etat naturel et production. — Produit de la décomposition spontanée des matières végétales, *au fond des marais.* Produit de la distillation de la houille (350/0, en volumes, dans le gaz d'éclairage). Se dégage de certaines fissures du sol. Se trouve en grandes quantités, dans le sol même, entre les feuillets de la houille (grisou), entre les blocs de sel gemme, etc.

186. Préparation. — S'obtenait d'abord (Volta) en remuant la vase des marais (fig. 34). Actuellement, on décompose l'acétate de soude ($NaO,C^4H^3O^3$), par la chaleur, en le mélangeant à de la *chaux sodée* (mélange de soude et de chaux). Se recueille sur l'eau (fig. 35).

$$NaO,C^4H^3O^3 + NaO,HO = C^2H^4 + 2(NaO,CO^2).$$

Résidu de l'opération : carbonate de soude (NaO, CO^2).

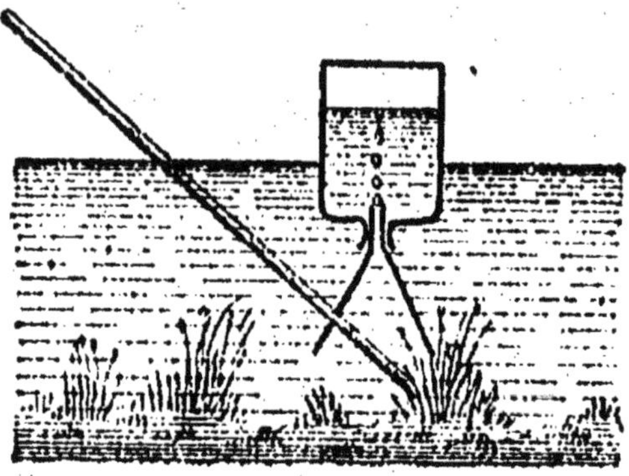

Fig. 34. — Extraction du gaz des marais.

Remarque. — La chaux empêche l'attaque du verre par la soude.

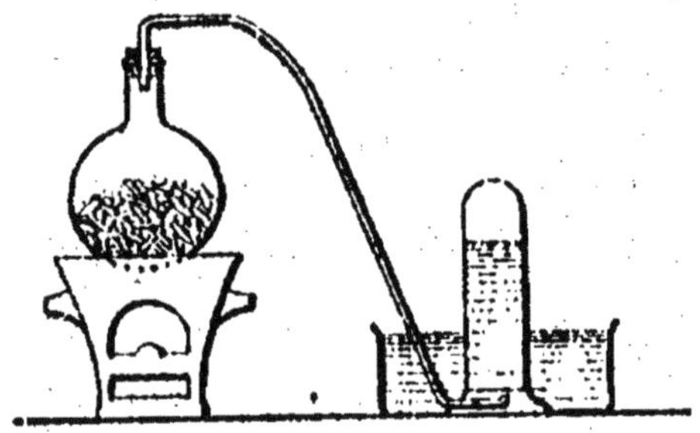

Fig. 35. — Préparation du gaz des marais.

187. Propriétés. — Gaz incolore, inodore, insipide. — *Le moins dense des gaz après l'hydrogène* (mêmes expériences qu'avec ce dernier): $d = 0,56$. — Très peu soluble. Se liquéfie à — 164°.

Combustible et *réducteur. Flamme éclairante.* Propriétés chimiques des carbures d'hydrogène (§ 181). — Synthèse : voy. § 183.

Action du chlore. — 1° Le décompose totalement (lorsqu'on enflamme un mélange à proportions convenables de chlore et de formène) :

$$C^2H^4 + 4Cl = 4\,HCl + 2C,$$

avec dépôt de charbon (C) et production de gaz acide chlorydrique (HCl). — 2° S'y combine, sous l'influence de la lumière solaire, en donnant des *produits de substitution* (1), parmi lesquels le *chloroforme* (C^2HCl^3).

Remarque. — Le mélange explosif de formène et d'air, enflammé, constitue le *feu grisou* (§ 202).

GAZ OLÉFIANT

Formule : C^4H^4. — Equiv. : 28,

188. Synonymie. — Ethylène, bicarbure d'hydrogène.

189. Production. — Produit de la décomposition par la chaleur d'un grand nombre de matières organiques, les *graisses*, particulièrement (§ 201).

190. Préparation. — En déshydratant, à 160°, l'alcool($C^4H^6O^2$) par l'acide sulfurique(SO^3, HO). Se recueille sur l'eau.

$$C^4H^6O^2 - 2HO = C^4H^4.$$

Au-dessous de 160°, production d'*éther* (C^4H^5O) :

$$C^4H^6O^2 - HO = C^4H^5O.$$

1. Ainsi appelés parce qu'ils résultent de la *substitution* d'un certain nombre d'équivalents de chlore à un même nombre d'équivalents d'hydrogène.

Ballon de verre, contenant le mélange d'alcool et d'acide, chauffé doucement (fig. 36). Flacon laveur à acide sulfurique, destiné à absorber l'éther formé.

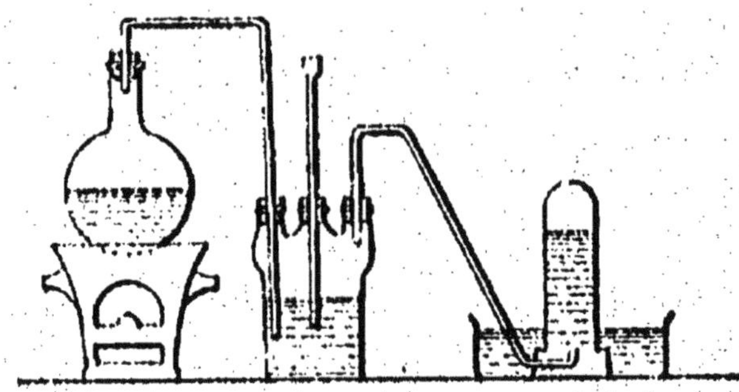

Fig. 36. — Préparation du gaz oléfiant.

191. Propriétés. — Gaz incolore, odeur légèrement *empyreumatique*, insipide. Moins dense que l'air. Très peu soluble. Liquéfiable à — 103°.

Propriétés chimiques des autres carbures. Flamme éclairante. — Synthèse : voy. § 183.

Action du chlore. — 1° Décomposition totale, comme pour le formène (§ 187) :

$$C^4H^4 + 4Cl = 4\,HCl + 4C.$$

2° S'y combine volume à volume, sous l'influence de la lumière solaire, en produisant une huile odorante, l'*huile des Hollandais* ($C^4H^4Cl^2$), d'où le nom de *gaz oléfiant* :

$$C^4H^4 + 2Cl = C^4H^4Cl^2.$$

192. Synthèse de l'alcool (Berthelot). — Par *hydratation* du bicarbure d'hydrogène (C^4H^4) au moyen de l'acide sulfurique monohydraté (SO^3,HO) :

$$C^4H^4 + 2HO = C^4H^6O^2.$$

ACÉTYLÈNE ET BENZINE

193. Acétylène. $C^4H^2 = 26$. — Produit de la décomposition au rouge des carbures d'hydrogène et d'un grand nombre de matières organiques. Composé endothermique, chimiquement analogue aux autres carbures. Gaz incolore, odeur du gaz d'éclairage, assez soluble dans l'eau, un peu moins dense que l'air, brûlant avec une flamme *fuligineuse*. — Synthèse : voy. § 183.

194. Benzine. $C^{12}H^6 = 78$. — Produit de la *condensation* de l'acétylène par la chaleur (§ 183). Découverte par Faraday (1825) dans les *huiles légères* (1) du goudron de houille (§ 197), d'où on l'extrait actuellement.

Liquide incolore, mobile, moins dense que l'eau, *à odeur particulière, agréable* quand il est pur. *Dissout les corps gras* (d'où son emploi pour le dégraissage des étoffes), le caoutchouc, etc. — Chimiquement analogue aux autres carbures. Brûle avec une *flamme fuligineuse*. — A froid, par l'acide azotique fumant ($AzO^5 HO$), la benzine est transformée en *essence de Mirbane* ou nitrobenzine ($C^{12}H^5AzO^4$), liquide à odeur d'essence d'amandes amères, que l'on emploie dans la parfumerie et pour la fabrication de l'*aniline*.

1. Les *huiles légères* du goudron de houille sont celles qui, lorsqu'on distille ce produit, passent entre 36° et 150°. Au-dessus, les huiles obtenues sont dites *huiles lourdes*.

GAZ DE LA HOUILLE

195. Composition du gaz de la houille. — Distillée au rouge cerise, en vase clos, la houille donne un mélange gazeux (gaz de la houille) composé en moyenne de :

Hydrogène.	49 %
Formène.	36 %
Oxyde de carbone.	7 %

avec 8 % d'un mélange d'azote, acide carbonique, gaz ammoniac, acide sulfhydrique, éthylène, acétylène, vapeur d'eau et vapeurs carburées (benzine, toluène, etc.)

Résidu solide : coke et charbon des cornues, ce dernier provenant de la décomposition partielle des carbures d'hydrogène produits.

196. GAZ D'ÉCLAIRAGE. — Gaz de la houille *dépouillé* de gaz ammoniac, d'acide carbonique (n'entretenant pas la combustion), d'acide sulfhydrique (mauvaise odeur), et des vapeurs carburées. Découvert par Philippe Lebon (1785). — Moins dense que l'air (gonflement des ballons), très peu soluble, il possède les propriétés chimiques des carbures d'hydrogène.

197. Fabrication. — La houille, contenue dans des *cornues demi-cylindriques* (cornues à gaz) en terre réfractaire, est chauffée au rouge cerise (1). Le gaz obtenu se rend :

1. On choisit, pour la fabrication du gaz d'éclairage, de la *houille demi-grasse.*

1° Dans un *barillet*, à moitié plein d'eau, où se condensent le gaz ammoniac (*eaux ammoniacales*) et du *goudron* (1).

2° Dans des récipients à la température ordinaire (*réfrigérant* et *colonne de coke*) où se condense le reste du goudron (*épuration physique*).

3° Dans des *caisses* où il traverse des couches superposées de chaux éteinte, qui absorbe l'acide carbonique, l'acide sulfhydrique, et le reste du gaz ammoniac (*épuration chimique*).

4° Dans les *gazomètres*, cloches en tôle où il s'emmagasine.

FLAMME

198. Définition. — Gaz ou vapeur portée à l'*incandescence*, par suite de la chaleur que dégage sa combustion.

199. Production de la flamme. — Ne se produit que dans la combustion d'un gaz ou d'une vapeur (hydrogène, carbures d'hydrogène, etc.), ou lorsque le combustible passe à l'état de vapeur ou se décompose en vapeurs avant de brûler (phosphore, soufre, corps gras, etc.)

Dans le cas contraire, combustion vive, *sans flamme* : charbon, fer, etc.

200. Qualités d'une flamme. — 1° *Éclat*. Dû généralement à la présence de *particules solides incandescentes* en suspension à l'intérieur de la flamme.

1. Le goudron est le résultat de la condensation, à la température ordinaire, des vapeurs carburées, solides ou liquides.

En effet : 1° la flamme de l'hydrogène, de pâle devient brillante quand on fait passer ce gaz à travers un tampon de coton imbibé de benzine; 2° un corps froid, introduit à l'intérieur d'une flamme ordinaire (flamme d'un bec de gaz, de l'huile, du pétrole, etc.), se recouvre d'une couche de noir de fumée.

2° *Température*. D'autant plus élevée que la combustion est plus rapide et plus complète.

De là, nécessité de faire arriver le comburant, air ou oxygène, à l'intérieur de la flamme. Mais alors, disparition des particules solides incandescentes : *la flamme perd en éclat ce qu'elle gagne en température.*

Exemple. — *Chalumeau à gaz oxyhydrique de Deville*. Deux tubes concentriques : par le tube central, arrive de l'oxygène; par l'espace annulaire, un gaz combustible (fig. 37). Robinets de réglage. En faisant brûler de l'hydrogène (1) dans la proportion de 2 vol. de ce gaz pour 1 vol. d'oxygène (2), on produit une flamme d'une température de 2000°, suffisante pour fondre le platine : fabrication du *mètre international* (en platine).

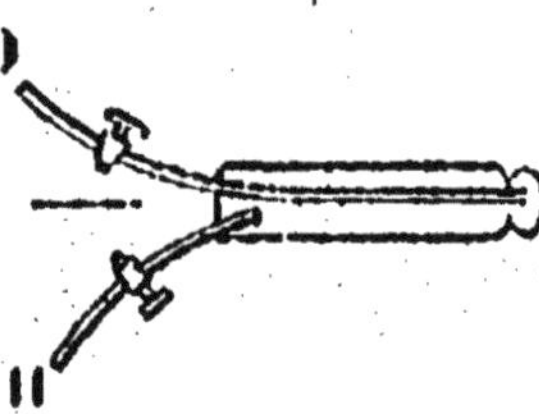

Fig. 37. Chalumeau de Deville.

1. En se servant de gaz d'éclairage comme combustible, et dirigeant le jet sur un bâton de chaux, on produit la *lumière Drummond*.

2. Aucun danger d'explosion, puisque les gaz ne se mélangent qu'à leur sortie du chalumeau.

201. Constitution de la flamme. — Les flammes des sources d'éclairage usuelles (bougie, pétrole, gaz d'éclairage, huile, etc.), ont toutes la même constitution :

1° Zone centrale *sombre, peu chaude* (fig. 38), où se vaporisent et se décomposent les carbures hydrogénés (bicarbure d'hydrogène C^4H^4, etc.) préexistants ou provenant de la décomposition de la matière grasse — 2° Zone médiane, *très brillante, réductrice*, par suite de la présence de particules de charbon *incandescentes*, en suspension — 3° Zone extérieure, *pâle, très chaude*, où brûlent l'hydrogène et le carbone, *oxydante* à sa périphérie — 4° A la base de la flamme, *zone bleue* où brûle de l'oxyde de carbone (CO).

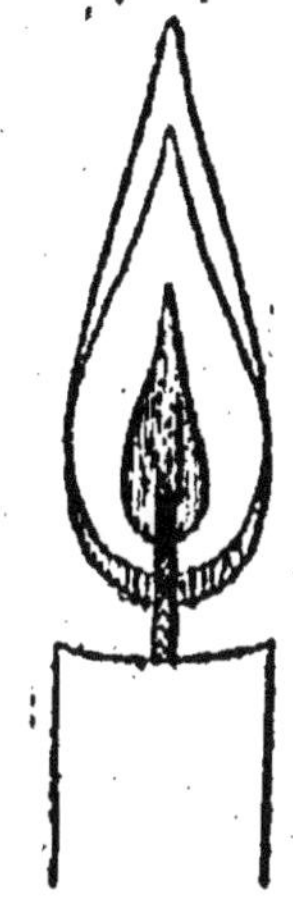

Flamme d'une bougie.

202. Toiles métalliques. — Grâce à leur conductibilité, *refroidissent* les gaz de la flamme, qui cessent d'être incandescents. D'où leur emploi par Davy dans la *lampe des mineurs*, lampe dans laquelle la flamme est complètement entourée d'une toile métallique, de sorte que l'explosion provoquée par le grisou à l'intérieur de la lampe, ne peut se propager au dehors, grâce à l'action refroidissante de la toile.

SILICE

Formule : SiO^2. — Equiv. : 30.

203. Etat naturel. — Très répandue dans la nature soit à *l'état libre* (cristal de roche ou quartz), améthyste, agate, silex, grès, sables, etc.), soit *en combinaison* avec les bases alcalines ou terreuses (silicate d'alumine ou *argile*). A l'état de dissolution dans toutes les eaux courantes, ainsi que dans les jets d'eau chaude des *geysers*.

204. Préparation. — 1° En traitant, *à froid*, une dissolution de silicate de soude (NaO,SiO^2) dans l'eau (*liqueur des cailloux*) par l'acide chlorhydrique (HCl), on obtient un précipité de *silice hydratée gélatineuse* (SiO^2,HO) :

$$NaO,SiO^2 + HCl = SiO^2,HO + NaCl.$$

2° *Par calcination*, la silice hydratée gélatineuse devient *silice anhydre* (SiO^2).

Remarque. — Le silicate de soude ou *verre soluble* (NaO,SiO^2) s'obtient en chauffant au rouge un mélange de carbonate de soude (NaO, CO^2) et de sable (SiO^2) : il y a formation de silicate de soude (NaO,SiO^2) *par substitution* du sable (SiO^2) à l'acide carbonique (CO^2). *La silice est donc bien un acide* (§ 19) : de là son nom *d'acide silicique*.

205. Propriétés physiques et chimiques. — *Gélatineuse*, est très légèrement soluble dans l'eau acidulée. *Anhydre*, n'est soluble que dans *l'eau chargée d'acide carbonique*, et peut alors être absorbée par les végétaux à la nutrition desquels elle est nécessaire (graminées). *Très dure*, difficilement fusible (donne un *verre* en se solidifiant), cristallise ordinairement en prismes hexagonaux terminés par des pyramides à six faces (quartz), de densité $= 2,6$. — Inattaquable, ainsi que ses sels, par tous les acides, à l'exception de l'acide fluorhydrique (HFl) : d'où l'emploi de cet acide pour la *gravure sur verre* (1).

CLASSIFICATION DES MÉTALLOIDES

206. Nature de leur classification. — Classification *naturelle en quatre familles*, basée sur leurs analogies chimiques, ainsi que celles des composés qu'ils forment avec l'hydrogène.

En effet : 1° le chlore et l'iode ont les mêmes propriétés comburantes, forment des hydracides et des composés binaires (chlorures, iodures) chimiquement analogues. — 2° De même, l'oxygène et le soufre sont tous deux comburants, forment des hydracides analogues (eau, acide sulfhydrique), des oxydes et des sulfures (§ 134, 216), des oxysels et des sulfosels (§ 171), chimiquement analogues. — 3° De même aussi, l'azote et le phosphore forment des composés hydrogénés (gaz ammoniac, hydrogène phosphoré), chimiquement analogues. — 4° Enfin le carbone et le silicium forment des composés hydrogénés, protocarbure d'hydrogène (C^2H^4) et hydrogène silicié (Si^2H^4), chimiquement analogues. De plus, ces corps simples se présentent tous deux soit à l'état adamantin, soit à l'état graphitoïde, soit à l'état amorphe.

GÉNÉRALITÉS SUR LES MÉTAUX

207. Etat naturel et extraction. — Les *métaux précieux* (argent, or, platine) se trouvent généralement dans le sol à *l'état natif*, et s'extraient par des procédés purement mécaniques. Les autres s'y trouvent le plus souvent à l'état d'*oxydes*, de *sulfures*, de *sels*, etc., et s'extraient par des procédés à la fois mécaniques et chimiques.

1. Les *verres* sont des silicates résultant de l'union d'un silicate alcalin (de potasse ou de soude) avec un silicate de chaux (*verres ordinaires*) ou de plomb (*cristal*).

Exemple. — Extraction du fer de ses minerais (oxydes et carbonate de fer), par réduction, du minerai, au rouge, au moyen du charbon.

208. Propriétés physiques. — Solides (à l'exception du mercure et de l'hydrogène). Doués de *l'éclat métallique*. *Bons conducteurs* de la chaleur et de l'électricité. *Tenaces, ductiles, malléables, élastiques.* Fusibles. Volatilisables.

209. Propriétés chimiques. — *Tous directement oxydables*, excepté l'aluminium, l'argent, l'or, le platine.

La présence de la vapeur d'eau et d'un acide favorise l'oxydation.

Exemple.— Oxydation du fer; 1° dans l'oxygène pur, au rouge, avec formation d'oxyde magnétique de fer (Fe^3O^4); 2° dans l'air atmosphérique, contenant de la vapeur d'eau et de l'acide carbonique, à la température ordinaire, avec formation de *rouille* (Fe^2O^3,HO).

Remarque. — La formation de la rouille s'évite soit en recouvrant le métal d'une couche de peinture, soit en le recouvrant d'une couche de zinc (*fer galvanisé*).

Action du soufre. Analogue à celle de l'oxygène. Favorisée par la présence de l'eau (§ 110).

Action du chlore. Les attaque tous.

210. Alliages (§ 23). — Doués des propriétés générales des métaux, sont relativement plus inaltérables et *plus fusibles.* Ex: fusion relativement facile du bronze.

211. Classification des métaux. — *Artificielle*, basée sur leur affinité pour *l'oxygène libre ou combiné*. Rangés en *sept sections*, d'après leur ordre décroissant d'affinité pour l'oxygène (§ 17).

1re *section*. — Décomposent l'eau à froid.

Exemple. — Décomposition de l'eau (IIO), à froid, par le potassium (K), à l'abri de l'air. Eprouvette renversée sur la cuve à mercure. Production de potasse (KO) et dégagement d'hydrogène (II) :

$$\text{IIO} + \text{K} = \text{KO} + \text{II}.$$

2° *section*. — Décomposent l'eau de 50° à 100°.

3° *section*. — Décomposent l'eau *au rouge*, ou, à froid, en présence des *acides*.

Exemple. — Méthodes de préparation de l'hydrogène (§ 44).

4° *section*. — Décomposent l'eau au *rouge vif*, ou à froid en présence des bases alcalines.

5° *section*. — Décomposent l'eau au *rouge blanc*.

6° *section*. — Sans action sur l'eau seule. La décomposent à froid en présence des acides ou des bases.

7° *section*. — Ne décomposent jamais l'eau.

Remarque 1. — *Les oxydes des métaux* de la septième section sont réductibles par la chaleur.

Remarque 2. — Les métaux de la première section sont dits :

Alcalins, quand leurs oxydes sont des *bases alcalines*, comme la potasse, la soude (§ 19).

Alcalino-terreux, quand leurs bases sont à la fois alcalines et *terreuses*, comme la chaux.

Remarque 3. — Les métaux de la deuxième section et l'aluminium (6° section) sont dits *terreux* parce que leurs bases, sans être alcalines, sont terreuses, c'est-à-dire entrent dans la composition de la terre arable. Ex. : la magnésie (MgO), l'alumine (Al^2O^3), etc.

GÉNÉRALITÉS SUR LES OXYDES MÉTALLIQUES

212. Etat naturel. — Très abondants dans la nature. 1° *A l'état natif :* amorphes ou cristallisés : bioxyde de manganèse (MnO^2), oxyde magnétique de fer (Fe^3O^4), fer oligiste (Fe^2O^3) etc.

2° *A l'état de sels :* carbonate de chaux (CaO,CO^2), carbonate de fer (FeO,CO^2), etc.

213. Préparation. — Procédés variés. Souvent par oxydation directe du métal. Exemple : préparation de l'oxyde rouge de mercure :

$$Hg + O = HgO.$$

D'autres fois par décomposition d'un sel. Exemple : préparation de la *chaux vive* (CaO) par décomposition, au rouge, du carbonate de chaux (CaO,CO^2) (1) :

$$CaO^2,CO = CaO + CO^2.$$

214. Propriétés physiques. — Solides, sans éclat, *mauvais conducteurs* de la chaleur et de l'électricité. *Insolubles, sauf ceux des métaux de la première section*, et quelques autres (§ 99). En général, *infusibles.*

1. La *chaux vive* (CaO), en se combinant à l'eau, avec dégagement de cha'eur, devient de la *chaux éteinte* (CaO,HO). Dissoute dans l'eau, elle forme l'*eau de chaux.*

215. Propriétés chimiques. — Indécomposables par la chaleur (1), à l'exception : 1° des *oxydes* dits *singuliers*, comme le bioxyde de manganèse (MnO^2), qui sont *partiellement* décomposables (§ 31) :

$$3MnO^2 = 2O + Mn^3O^4.$$

2° Des *oxydes* des métaux de la septième section, comme (§ 65) l'oxyde rouge de mercure (HgO) :

$$HgO = Hg + O.$$

Réduits, en grand nombre : 1° par l'hydrogène comme (§ 51) l'oxyde de cuivre (CuO) :

$$CuO + H = HO + Cu.$$

2° Par le charbon : métallurgie du fer, du zinc, etc.

216. Classification. — 1er *groupe : Oxydes basiques :* potasse, soude, chaux, etc. — 2° *groupe Oxydes acides :* acide stannique (§ 76). — 3° *groupe. Oxydes indifférents,* tantôt basiques, tantôt acides : l'eau (HO), *base* dans l'acide sulfurique ordinaire (SO^3,HO), *acide* dans la chaux éteinte (CaO,HO). — 4° *groupe : Oxydes salins,* jouant le rôle de *sels :* oxyde magnétique de fer ($Fe^3O^4 = FeO,Fe^2O^3$). — 5° *groupe : Oxydes singuliers.* En dehors des précédents. Partiellement décomposables par la chaleur. Exemple : bioxyde de manganèse (MnO^2).

---

1. La potasse, la soude, la chaux, etc., sont décomposables par le courant électrique : découverte du potassium, du sodium, du calcium, etc., par Davy (1807).

6.

GÉNÉRALITÉS SUR LES SELS

217. Définition. — Un sel est le résultat de la combinaison d'une base et d'un acide, *ayant tous deux un élément commun* (définition de Berzélius).

Exemple. — *Les oxysels* ou *sels ordinaires*, où l'oxygène est l'élément commun.

Remarque.—Les chlorures, sulfures, iodures, etc., sont, actuellement, regardés comme des sels.

218. Sels neutres. — Ceux qui n'ont pas d'action sur la teinture de tournesol, et, par extension, ceux qui ont même constitution chimique que les sels neutres.

Exemple. — Sulfate de cuivre (CuO,SO^3) : sel neutre, quoique rougissant la teinture du tournesol, parce qu'il a même constitution chimique que le sulfate de potasse (KO,SO^3), à réaction neutre.

219. Formules générales des sels neutres.—

Sulfates neutres. . . . . MO,S
Azotates neutres. . . . . MO,AzO^5.
Carbonates neutres. . . . . MO,CO_2.
etc.   etc.

On voit que dans un sulfate neutre, *le rapport entre le poids de l'oxygène, de l'acide et celui de la base* est donc 1/3 ; dans les azotates, 1/5 ; dans les carbonates, 1/2, etc.

Généralement dans les sels neutres, ce *rapport est constant* et *déterminé* pour chaque *genre* de sels (loi de Berzélius).

220. Propriétés physiques. — Solides, généralement inodores, cristallisables. Saveur variable suivant la base (*salée* pour les sels de soude ; *amère* pour les sels de magnésie). Colorés lorsque leur acide est coloré (bichromate de potasse) ou lorsqu'ils sont *hydratés* (sulfate de fer, *vert* quand il est hydraté, *blanc* quand il est anhydre).

Solubilité. — Tous les sels de potasse, de soude, d'ammoniaque (rares exceptions), tous les azotates neutres, presque tous les sulfates neutres sont solubles : *la solubilité augmente, généralement, avec la température.* — Les carbonates neutres, les phosphates, neutres, les silicates (sauf ceux de potasse, de soude, d'ammoniaque) sont insolubles.

Fusion aqueuse, fusion ignée. Quelques sels hydratés, chauffés, se séparent, de leur eau d'hydratation et s'y dissolvent (*fusion aqueuse*) ; si on continue à chauffer, l'eau se vaporise totalement, le sel devient anhydre et subit la fusion ordinaire (*fusion ignée*). Exemple : le sulfate de soude.

221. Propriétés chimiques. — Décomposés par la chaleur, lorsque la base ou l'acide sont volatils.

Exemple. — 1° Décomposition au rouge du carbonate de chaux (§ 164) ; 2° décomposition du chlorate de potasse (§ 31).

Décomposés par le courant voltaïque : le métal se dépose sur l'électrode négative, l'oxygène et l'acide sur l'électrode positive (galvanoplastie, dorure, argenture).

Action des métaux. — Un métal très oxydable peut se substituer à un métal moins oxydable, lorsque ce dernier fait partie d'un sel.

Exemple. — Une lame de fer, plongée dans du sulfate de cuivre, se recouvre de cuivre par substitution du fer au cuivre dans le sulfate.

222. LOIS DE BERTHOLLET. — Relatives à l'action d'un *acide*, d'une *base* ou d'un *sel*, sur un *sel*, les corps en présence étant préalablement *dissous*.

Se résument dans l'énoncé suivant :

La décomposition d'un sel par un acide, une base ou un sel est complète toutes les fois qu'il peut se produire, dans les conditions de l'expérience, un composé plus volatil ou moins soluble que les corps mis en présence.

Remarque. — Il n'y a pas de décomposition si l'acide est le même que celui du sel, ou si la base est la même que celle du sel. De même, si les deux sels ont un élément commun, base ou acide.

I. *Action d'un acide sur un sel.* — Décomposition complète : 1° *Si l'acide est plus fixe que celui du sel.*

Exemples. — Préparation des acides carbonique, azotique, chlorhydrique, sulfhydrique, etc.

2° *S'il est plus soluble que celui du sel.*

Exemple. — Préparation de la silice gélatineuse.

3° *S'il peut former avec la base du sel un nouveau sel insoluble.*

Exemple. — Décomposition de l'azotate de baryte (BaO, AzO^5) par l'acide sulfurique (SO^3, HO), avec formation d'un précipité *insoluble* de sulfate de baryte (BaO, SO^3) :

$$BaO, AzO^5 + SO^3, HO = BaO, SO^3 + AzO^5, HO.$$

II. *Action d'une base sur un sel.* — Cas identique au précédent.

Exemples. — 1° Préparation de l'ammoniaque, *base volatile*, par l'action de la chaux, *base fixe*, sur un sel ammoniacal.

2° Préparation du protoxyde de fer (FeO), *insoluble* en traitant le sulfate de protoxyde de fer (FeO,SO^3) par la potasse hydratée (KO,HO), base soluble :

$$FeO,SO^3 + KO,HO = FeO,HO + KO,SO^3.$$

3° Décomposition du sulfate de soude (NaO,SO^3) par l'eau de baryte (Ba,HO), avec précipitation de sulfate de baryte (BaO,SO^3) *insoluble* :

$$NaO,SO^3 + BaO,HO = BaO,SO^3 + NaO,HO$$

III. *Action d'un sel sur un sel.* — Décomposition complète : 1° *Si, par l'échange des acides et des bases, peut se produire un sel plus volatil que ceux mis en présence.*

Exemple. — Transformation, à chaud, d'un mélange de carbonate de chaux (CaO,CO^2) et de sulfate d'ammoniaque (AzH^3,HO,SO^3), en carbonate d'ammoniaque (AzH^3,HO,CO^2), *sel volatil*, et sulfate de chaux (CaO,SO^3) :

$$CaO,CO^2 + AzH^3,HO,SO^3 = CaO,SO^3 + AzH^3,HO,CO^2.$$

2° *Si, par l'échange des acides et des bases, peut se produire un sel insoluble.*

Exemples. — 1° Précipitation du sulfate de baryte (BaO,SO^3) *insoluble*, par la réaction mutuelle du sulfate de soude (NaO,SO^3) et de l'azotate de baryte (BaO,AzO^5) (caractère des *sulfates solubles*) :

$$NaO,SO^3 + BaO,AzO^3 = BaO,SO^3 + NaO.$$

2° Précipitation du chlorure d'argent (AgCl) *insoluble*, par la réaction mutuelle de l'azotate d'argent (AgO,AzO⁵) sur un chlorure soluble, le chlorure de sodium (NaCl), par exemple (caractère des *chlorures*) :

$$NaCl + AgO,AzO^5 = AgCl + NaO,AzO^5.$$

GÉNÉRALITÉS SUR LES MATIÈRES ORGANIQUES

223. Définition. — On appelle *matières organiques* tous les composés que l'on rencontre dans les organes des végétaux et des animaux.

Par extension, on appelle encore ainsi les *produits artificiels* obtenus en faisant réagir des matières organiques les unes sur les autres, ou sur les matières minérales.

224. Composition. — Dans leur plus grand état de complexité ne contiennent que quatre éléments :

Carbone, Hydrogène, Oxygène, Azote.

Cependant, les *substances albuminoïdes* contiennent, en plus, du soufre et du phosphore (1).

225. Extraction des matières organiques. — Par l'*analyse immédiate*, qui a pour but de séparer les unes des autres les substances organiques qui, généralement, dans les organes des végétaux et des animaux, sont mélangées les unes aux autres.

Exemple. — En malaxant de la *farine* dans un filet d'eau, il reste dans la main du *gluten*, sub-

---

1. Toutes les matières organiques, contenant du carbone, *se carbonisent* sous l'action de la chaleur.

stance albuminoïde, mélange de *fibrine* et de *caséine* végétales, que l'on sépare l'une de l'autre au moyen de l'alcool, qui dissout la caséine et ne dissout pas la fibrine. Le liquide laiteux recueilli laisse déposer de l'*amidon* et retient en dissolution de l'*albumine*, du *sucre* et des *sels :* par la chaleur on coagule l'albumine, qui se sépare ainsi des autres principes dissous.

226. Analyse élémentaire. — A pour but de faire connaître la nature et les proportions relatives des corps simples qui constituent une matière organique formant une espèce chimique bien déterminée. — On la brûle dans l'oxygène : la production d'acide carbonique (CO^2) et de vapeur d'eau (HO) indique la présence du carbone et de l'hydrogène. Si, en la chauffant avec un peu de potasse, il y a production de gaz ammoniac (AzH^3), la matière contient de l'azote.

Remarque. — On dose l'hydrogène, le carbone et l'azote à l'état de vapeur d'eau, acide carbonique et ammoniaque. L'*oxygène* se dose par différence.

227. Synthèse des matières organiques. — Se forment, par *synthèse naturelle*, dans les végétaux, à l'aide du carbone (C) qu'ils empruntent directement ou indirectement à l'acide carbonique de l'air, de l'eau (HO) et de l'azote (Az) qu'ils empruntent au sol et à l'air, du soufre (S) et du phosphore (Ph) qu'ils empruntent au sol.

Exemple. — Formation des *hydrates de carbone* (glucose d'abord, puis sucre, amidon, cellulose) dans le tissu de la feuille par les corpuscules chlorophylliens, sous l'influence de la lumière, et combinaison de ces hydrates, toujours dans le tissu même de la feuille, avec l'azote, pour la formation des *substances albuminoïdes*.

Peuvent s'obtenir, en majeure partie, par *synthèse artificielle*, dans le laboratoire. Seulement, dans les végétaux, tous les éléments se trouvent à la fois en contact; dans le laboratoire, on les met en présence deux à deux successivement.

Exemple. — Synthèse de l'*alcool* (§ 183, 192):

$$4C + 2H = C^4H^2,$$
$$C^4H^2 + 2H = C^4H^4,$$
$$C^4H^4 + 2HO = C^4H^6O^2.$$

Remarque.— Par une série de désoxydations donnant naissance à des composés de moins en moins complexes, les animaux, procédant par analyse, ramènent, en partie, les produits élaborés par les végétaux à l'état de *vapeur d'eau* (HO), d'*acide carbonique* (CO^2) et de *gaz ammoniac* (AzH^3).

228. Principales synthèses effectuées. —

1° Synthèse des carbures d'hydrogène, des alcools, des acides organiques (formique, acétique, oxalique, lactique, etc.), des corps gras, etc.(Berthelot).

2° Synthèse de l'urée, de la névrine, de la vanilline, de la cocaïne, etc.

3° Synthèse de l'alizarine, de l'indigo, etc.

RÉSUMÉ ET FORMULAIRE

Lois des combinaisons : 1° **Loi des poids** (Lavoisier). — *Le poids d'un composé est égal à la somme des poids des composants.*

2° **Loi des proportions définies** (Proust). — *Deux corps, pour former un même composé, se combinent toujours dans le même rapport en poids.*

3° **Loi des proportions multiples** (Dalton). — *Quand deux corps forment plusieurs composés, les divers poids de l'un qui se combinent avec un même poids de l'autre sont entre eux dans des rapports simples,* exprimés par les nombres 1, 3/2, 2, 3, 4, 5, 6, etc.

4° **Lois des volumes** (Gay-Lussac). — *1° Quand deux gaz se combinent, les volumes des composants sont entre eux dans un rapport simple. 2° Le volume du composé formé, mesuré à l'état gazeux, est dans un rapport simple avec celui des composants.*

Oxygène. $O = 8$. (Scheele, Priestley, Lavoisier). — Gaz incolore, inodore, insipide, très peu soluble. $d = 1,106$. — Eminemment *comburant :* rallume une allumette présentant quelques points en ignition. — Essentiel à la respiration.

Préparation de l'oxygène. Se recueille sur l'eau.

$$\text{Par calcination.} \ldots \ldots 3MnO^2 = 2O + Mn^3O^4.$$
$$\textit{id.} \qquad \ldots \ldots KO,ClO^5 = 6O + KCl.$$

Combustion (Lavoisier). — Oxydation d'un corps, soit avec dégagement de chaleur et de lumière (*combustion vive*), soit sans dégagement apparent de chaleur et de lumière (*combustion lente*). Il y a *production de flamme*, si le combustible est un gaz, une vapeur, ou passe à l'état de vapeur avant de brûler. Il n'y a *pas de flamme*, si le combustible est un corps solide, non volatil.

Les *métalloïdes*, en brûlant, donnent généralement des *acides*. Les *métaux*, généralement des *bases*.

Remarque. — La *respiration* est une combustion lente.

HYDROGÈNE. H = 1 (Cavendish). — Gaz incolore, inodore, insipide, très peu soluble. *Le moins dense de tous les gaz et de tous les corps connus :* d = 0,069. Par suite, très diffusible. Bon conducteur (métal gazeux). — *Combustible*, brûle avec une *flamme pâle* très chaude : $H + O = HO$. *Réducteur :* $H + Cu O = HO + Cu$. *Mélanges explosifs* avec l'oxygène, l'air, le chlore. — N'entretient pas la respiration, mais n'est pas délétère.

Préparation. Se recueille sur l'eau.

$$A\ froid\ldots\ldots\ Zn + SO^3,HO = H + ZnO,SO^3.$$
$$id.\ \ldots\ldots\ Fe + SO^3,HO = H + FeO,SO^3.$$
$$id.\ \ldots\ldots\ Zn + HCl = H + ZnCl.$$

Dans les trois cas, *excès d'eau.*
$$Au\ rouge\ldots\ldots\ 3Fe + 4HO = 4H + Fe^3O^4.$$

EAU. HO = 9 (Cavendish). — Liquide incolore, inodore, insipide. — A l'état liquide, D = 1 à 4° ; à l'état solide (glace), D = 0,92. A l'état de vapeur, d = 0,622. — Se solidifie à 0°, bout à 100° sous la pression de 760 mm. de mercure. Cristallisable. — Décomposable au rouge blanc par la chaleur. Décomposable par un courant électrique. Décomposable par le charbon au rouge, par le potassium à froid ; par le fer et le zinc au rouge, ou, à froid, en présence des acides. N'est décomposée à aucune température par l'aluminium et les métaux précieux (mercure, argent, or, platine).

Analyse. — 1° Par le fer, au rouge (Lavoisier) : $3Fe + 4HO = 4H + Fe^3O^4$. On pèse le fer, avant et après, ce qui donne le poids de O. On pèse l'hydrogène recueilli. — 2° Par un courant électrique (Carlisle et Nicholson) : à chaque instant, 2 vol. de H à l'électrode négative, 1 vol. de O à l'électrode positive.

Synthèse. 1° Par l'*eudiomètre* (Gay-Lussac) : 2 vol. de H et 1 vol. de O, unis avec explosion par le passage de l'étincelle électrique, donnent 2 vol. de vapeur de HO. — 2° *En poids* (Dumas), par l'hydrogène et l'oxyde de cuivre : $H + CuO = HO + Cu$. On pèse l'oxyde de cuivre avant et après, ce qui donne le poids de O. On pèse l'eau recueillie. D'où, par différence, le poids de H qu'elle contient.

Résultats. 2 vol. de H et 1 vol. de O donnent 2 vol. de vapeur de HO. — 1 gr. de H et 8 gr. de O donnent 9 gr. de HO.

Eaux naturelles. — Diffèrent de *l'eau chimiquement pure* (eau distillée) par les matières gazeuses (gaz de l'air) et solides (sels) empruntées à l'atmosphère et au sol, qu'elles contiennent en dissolution. La plus pure est *l'eau de pluie.*

AZOTE. Az = 14. — Gaz incolore, inodore, insipide, très peu soluble : d = 0,972. — *Ni combustible, ni comburant.* Sans affinités chimiques. N'entretient pas la respiration.

Préparation. Se recueille sur l'eau. S'extrait de l'air :

1º On fait brûler du phosphore sous une cloche pleine d'air renversée sur la cuve à eau :

$$Ph + Air = PhO^5 + Az.$$

2º On fait passer un courant d'air sur du cuivre chauffé au rouge :

$$Cu + Air = CuO + Az.$$

AIR ATMOSPHÉRIQUE. Pas de formule, car c'est un *mélange.* — Possède les propriétés de l'oxygène, *tempérées* par la présence de l'azote. Très peu soluble. Poids du litre, à 0º et à la pression de 760^{mm} : 1$^{gr.}$ 3.

Analyse (Lavoisier). 1º *En volumes,* par le mercure maintenu à 350º (procédé de Lavoisier) : HgO + Air = Hgo + Az. La calcination de l'oxyde rouge HgO *régénère* l'oxygène disparu. — 2º *En volumes* par le phosphore. *A froid* : Ph + Air = PhO³ + Az. *A chaud* : Ph + Air = PhO⁵ + Az. — 3º *En poids* (Dumas), par le cuivre, au rouge : Cu + Air = CuO + Az. On pèse le cuivre, avant et après, d'où le poids de O. On pèse l'azote recueilli.

Résultats. 21 vol. de O et 79 vol. de Az donnent, *par simple mélange,* 100 vol. d'air, *sans dégagement de chaleur,* ce qui prouve qu'il n'y a pas combinaison. — 23 gr. de O et 77 gr. de Az donnent, de même, 100 gr. d'air.

Remarque. L'air atmosphérique, outre l'oxygène et l'azote, contient de la vapeur d'eau, de l'acide carbonique, de l'ozone, du gaz ammoniac, des poussières minérales, des débris organiques, des *germes,* etc.

OXYDES DE L'AZOTE. Au nombre de 7 (loi des proportions multiples) : protoxyde d'azote (AzO), acide hypoazoteux (Az^2O^3), bioxyde d'azote (AzO^2), acide azoteux (AzO^3), acide hypoazotique (AzO^4), acide azotique (AzO^5), acide perazotique (AzO^6).

Tous facilement décomposables par la chaleur, sont *comburants* et *oxydants*.

Protoxyde d'azote. AzO. — Gaz incolore, inodore, saveur sucrée, plus dense que l'air, assez soluble. *Comburant*, plus que l'oxygène, mais moins que l'air : combustion du charbon, du phosphore, du soufre. Anesthésique (gaz *hilarant* de Davy).

Préparation. Se recueille sur l'eau. Pas de résidu.

$$\text{Par calcination.... } AzH^3,HO,AzO^5 = 2AzO + 4HO.$$

Bioxyde d'azote. AzO^2. — Gaz incolore, très peu soluble. Moins comburant que le précédent, se transforme, à l'air ou dans l'oxygène, en *vapeurs rutilantes* très denses d'acide hypoazotique (AzO^4).

Préparation. Se recueille sur l'eau.

$$\text{A froid... } 3Cu + 4(AzO^5,HO) = AzO^2 + 3(CuO,AzO^5) + 4HO.$$

ACIDE AZOTIQUE. AzO^5,HO. — Liquide incolore, jaune dans le commerce. $D = 1,52$. *Acide énergique*, attaque, en les oxydant, un grand nombre de métalloïdes (charbon, phosphore) et *tous les métaux* (cuivre, étain, etc.), *à l'exception* de l'or et du platine. Transforme l'amidon en acide oxalique, la benzine en nitro-benzine, la glycérine en nitro-glycérine le coton en coton-poudre. *Colore en jaune* la laine, la soie, la peau (qu'il détruit). — *Gravure sur cuivre.*

Remarque. — Par une ébullition prolongée, l'acide concentré (AzO^5,HO), bouillant à 86°, se transforme en *acide quadri-hydraté* ($AzO^5,4HO$), bouillant à 123°, toujours *incolore*, même dans le commerce, et moins dense que le monohydraté.

Préparation. Par distillation. A chaud.

$$KO,AzO^5 + 2(SO^3,HO) = AzO^5,HO + KO,HO,2SO^3.$$

GAZ AMMONIAC. AzH^3. — Incolore, odeur vive et piquante, saveur âcre, beaucoup moins dense que l'air. *Le plus soluble de tous les gaz.* Absorbable par le charbon. Liquéfiable et ildifiable . — *Brûle dans l'oxygène* avec une flamme blanche.

Ne brûle pas dans l'air. S'enflamme spontanément dans le chlore. *Sec*, est neutre ; *humide*, est le seul gaz qui ramène au bleu la teinture de tournesol rougie, comme le fait sa *dissolution dans l'eau*, appelée *ammoniaque*.

Préparation du gaz ammoniac. Se recueille sur le mercure.

A chaud.... $AzH^3,HCl + CaO = AzH^3 + HO + CaCl$.

Excès de *chaux vive* (CaO), pour dessécher le gaz.

Ammoniaque. $AzH^3,HO = (AzH^4)O$. — Base *caustique*, volatile, *verdissant* la teinture de violette, *dissolvant les corps gras*. — Fabrication de la glace (appareil Carré à ammoniaque).

Préparation de l'ammoniaque. En faisant barboter le gaz ammoniac dans des flacons de Woulf.

Chlore. $Cl = 35,5$ (Scheele). — Gaz *jaune verdâtre*, odeur suffocante, soluble. *Très dense*. — Eminemment *comburant* : attaque presque tous les métalloïdes (combustion spontanée du phosphore, de l'arsenic), *tous les métaux* (combustion spontanée du potassium, du cuivre, etc.) *Grande affinité pour l'hydrogène* (explosion du mélange à la lumière solaire directe) : par suite, *désinfectant* (décomposition de l'ammoniaque et de l'acide sulfhydrique), *décolorant* (décoloration de l'indigo, de l'encre, etc.) — Employé à l'état de *chlorure de chaux* (mélange de chlorure de calcium et d'hypochlorite de chaux), comme désinfectant, pour blanchir la toile (Berthollet), le coton, la pâte de papier, etc.

Préparation. Attaquant le mercure, se recueille par déplacement.

A chaud.... $2HCl + MnO^2 = Cl + MnCl + 2HO$.

Acide chlorhydrique. HCl. — Gaz incolore, *fumant à l'air*, odeur piquante, plus dense que l'air, *très soluble dans l'eau* (solution qui constitue l'acide du commerce). — Acide énergique, attaque *tous les métaux*, à *l'exception* de l'or et du platine. Dissout les oxydes métalliques *insolubles* en les transformant en chlorures *solubles* (décapage du fer et du cuivre).

Préparation. Se recueille sur le mercure.

A chaud... $NaCl + 2(SO^3,HO) = HCl + NaO,HO,2,OS 3$.

Au rouge... $NaCl + SO^3,HO = HCl + NaO,SO^3$.

Eau régale. Mélange d'acide azotique et d'acide chlorhydrique, *dissolvant l'or et le platine.*

Iode. Io = 128. — Solide gris de fer, éclat métallique, très dense, odeur désagréable. *Vapeur violette* caractéristique, très dense. Peu soluble dans l'eau, soluble dans *l'alcool* (teinture d'iode), le sulfure de carbone, qu'il colore en violet. — Chimiquement *analogue au chlore.* Des *traces* d'iode colorent en *bleu* l'empois d'amidon.

Préparation. Se retire des iodures contenus dans les eaux-mères des cendres de varechs ou dans celles de l'azotate de soude du Chili, au moyen d'un courant de chlore, qui précipite l'iode.

Soufre. S = 16. — 3 états : 1° *Soufre cristallisable* (en octaèdres, à froid ; en prismes, par fusion), *soluble* dans le sulfure de carbone. 2° *Soufre amorphe,* *insoluble* dans le sulfure de carbone. 3° *Soufre mou,* mélange des deux précédents (obtenu par trempe du soufre fondu à 240°), redevenant spontanément soufre cristallisable.

Propriétés du soufre ordinaire (soufre cristallisable, soufre en canons). Jaune citron, insipide, inodore. D = 2. Insoluble dans l'eau, soluble dans le sulfure de carbone. Mauvais conducteur : s'électrise par le frottement. Fond à 115°, s'épaissit vers 200°, redevient liquide à 240°. Bout à 440°. — *Combustible,* brûle avec une flamme *bleue,* et une odeur caractéristique d'acide sulfureux : $S + 2O = SO^2$. *Comburant :* $C + 2S^2 = CS^2$ (sulfure de carbone).

Extraction. A *l'état natif,* se sépare de sa gangue, soit par fusion (procédé des *calkéroni*), soit par distillation. Se raffine par distillation).

Poudre de guerre. *Mélange de soufre,* de charbon de bois et de *salpêtre* (azotate de potasse).

Acide sulfureux. SO^2. — Gaz incolore, très dense, *odeur piquante, suffocante, caractéristique,* provoquant la toux. Très soluble. Liquéfiable à — 10°, solidifiable. — Acide énergique. *Ni combustible, ni comburant.* Transformé en acide sulfurique par l'acide azotique : $SO^2 + AzO^5, HO = SO^3, HO + AzO^4$. *Décolore* les roses, les violettes, le vin, etc. *Blanchit* la paille, la soie, la laine. *Insecticide* (gale).

Préparation. Se recueille sur le mercure.

A chaud... $2 (SO^3, HO) + Hg = SO^2 + HgO, SO^3 + 2HO.$
Id....... $2 (SO^3, HO) + Cu = SO^2 + CuO, SO^3 + 2HO.$

ACIDE SULFURIQUE. $SO^3, HO.$ — Liquide incolore (pur), à saveur très acide, inodore, *sirupeux.* Plus dense que l'eau : $D = 1,84.$ Bouillant à $325°$ (ébullition dangereuse dans un vase en verre). — *Acide très énergique*, corrosif, *très avide d'eau* (dégagement de chaleur) : desséchant, *carbonise* les matières organiques (le bois), *déshydrate* l'alcool (préparation du gaz oléfiant). Transforme la cellulose en *glucose*. Décomposé par les corps avides d'oxygène : mercure, cuivre, charbon, etc. — *Le plus employé de tous les acides.*

Préparation industrielle. Dans des *chambres de plomb*, métal inattaquable par l'acide *étendu d'eau :*

$$SO^2 + AzO^5, HO = SO^3, HO + AzO^4,$$
$$SO^2 + AzO^3, HO = SO^3, HO + AzO^2.$$

Puis :
$$AzO^2 + 2O = AzO^4,$$
$$2AzO^4 + 2HO = AzO^3, HO + AzO^5, HO.$$

Quatre corps : SO^2, oxygène (O) de l'air, vapeur d'eau (HO), et AzO^5, HO, agissent simultanément.

ACIDE SULFHYDRIQUE. HS (Rouelle). — Gaz incolore, *odeur fétide* (œufs pourris), *très vénéneux* (fosses d'aisances), un peu plus dense que l'air, soluble dans l'eau. — Acide faible. *Combustible*, brûle avec une flamme *bleuâtre.* L'oxygène de l'air, en présence de l'eau, le décompose : $HS + O = S + HO.$ Décomposé par le chlore : $HS + Cl = S + HCl.$ Attaque presque tous les métaux. Précipite en *noir* (PbS) les sels de plomb. — *Eaux sulfureuses :* chargées de HS.

Préparation. Se recueille sur l'eau, quoique soluble.

A froid. . . $FeS + SO^3, HO = HS + FeO, SO^3.$
Id. . . . $FeS + HCl = HS + FeCl.$

PHOSPHORE. $Ph = 31.$ — Retiré de l'*urine* par Brandt. — **2 états :** 1° *Phosphore ordinaire* ou *blanc :* mou, transparent, jaunâtre, recouvert ordinairement d'une croûte de *cristaux blancs*, d'où son nom de *phosphore blanc.* Insoluble dans l'eau, *soluble dans le sulfure de carbone.* $D = 1,84.$ — *Phosphorescent*, subit au contact de l'air une *combustion lente* : $Ph + 3O = PhO^3.$ A $60°$, *combustion vive*, avec flamme brillante : $Ph + 5O$

$= PhO^5$: s'enflammant facilement, est *dangereux à manier.*
Vénéneux. Affinités chimiques énergiques : explosion avec l'a-
cide azotique concentré. — 2° *Phosphore rouge* (appelé improprement *phosphore amorphe*) : *insoluble,* même *dans le sulfure de carbone.* $D = 2,1$. *Non phosphorescent.* Ne s'enflamme
qu'à haute température : non dangereux à manier. *Non vénéneux.* Affinités chimiques moins énergiques que le précédent.
— Utilisés tous deux dans la fabrication des *allumettes.*

Préparation du phosphore ordinaire. Se retire des *os,* dé-
pouillés de leur *osséine* par calcination à l'air. Résidu : carbonate et phosphate de chaux.

Traité par l'acide sulfurique et l'eau bouillante, ce résidu
donne une solution de *phosphate acide de chaux* qu'on évapore, qu'on mélange à du charbon, et qu'on distille au rouge vif :

$$PhO^5 + 5C = Ph + 5CO.$$

Préparation du phosphore rouge. En soumettant le phosphore ordinaire à l'action prolongée de la chaleur, à 240°, en
vase clos.

Acide phosphorique anhydre. PhO^5. — Solide blanc, pul-
vérulent (neige). *Avide d'eau,* s'y combine en donnant *trois
hydrates,* qui sont trois *acides différents :*

PhO^5, HO. . . . . .   Acide métaphosphorique.
PhO^5,2HO. . . . . .   —   pyrophosphorique.
PhO^5,3HO. . . . . .   —   phosphorique ordinaire.

Préparation. On brûle du phosphore dans de l'*air sec :*

$$Ph + 5O = PhO^5.$$

Hydrogène phosphoré. PhH^3 — Gaz incolore, un peu plus
dense que l'air, peu soluble, à *odeur alliacée. S'enflammant
spontanément à l'air,* grâce à des traces d'un phosphure d'hydrogène liquide PhH^2, avec production de *couronnes d'acide
phosphorique* (PhO^5) caractéristiques.

Préparation. Par l'action, à chaud, de fragments de phosphore sur une bouillie épaisse de *chaux éteinte* (CaO,HO) : le
résidu est de l'hypophosphite de chaux (CaO,2HO,PhO). Se
recueille sur l'eau.

Carbone. $C = 6$. — 3 états : 1° *Diamant. Le plus dur* de
tous les corps, ne s'use que par sa propre poussière. *Par-*

faitement *transparent, très réfringent.* D = 3,5. Mauvais conducteur. Se taille en *roses* ou en *brillants.* — 2° *Graphite* ou *plombagine (mine de plomb).* Gris, opaque, *mou, bon conducteur.* D. = 2,2. — 3° *Carbone amorphe* ou *charbon.* Nombreuses variétés, plus ou moins pures :

Charbons naturels {	Anthracite. Houille. Lignite. Tourbe.	Charbons artificiels {	Charbon de bois. Coke. Charbon des cornues. Noir de fumée. Noir animal.

Charbon de bois. — Se prépare en carbonisant le bois, à l'abri de l'air, soit par le procédé des *cornues* (charbon pour la poudre de guerre), soit par le procédé des *meules* (charbon de cuisine). Noir, sonore, cassant, *mauvais conducteur. Absorbe* les gaz d'autant mieux qu'ils sont plus solubles dans l'eau : d'où son emploi pour *purifier les eaux* chargées d'acide sulfhydrique et d'ammoniaque.

Remarque. — Toutes les variétés de carbone sont infusibles aux températures de nos fourneaux, insolubles dans l'eau et dans presque tous les liquides connus.

Propriétés chimiques du carbone. Combustible, brûle sans flamme en donnant de l'acide carbonique s'il y a en excès de l'oxygène ou de l'air : $C + 2O = CO^2$; de l'oxyde de carbone, s'il y a insuffisance d'oxygène ou d'air : $C + O = CO$. *Réducteur :* au rouge, décompose un grand nombre d'oxydes métalliques (métallurgie du fer), l'eau, l'acide carbonique : $CO^2 + C = 2CO$. Au rouge, brûle dans la vapeur de soufre : $C + 2S = CS^2$ (sulfure de carbone).

Acide carbonique, CO^2. — Gaz incolore, odeur piquante (eau de Seltz). *Plus dense que l'air* (grotte du Chien) : $d = 1,5$. Soluble dans l'eau. Liquéfiable et solidifiable (neige carbonique). — Ni combustible, *ni comburant.* Acide faible, forme directement, avec *l'eau de chaux,* qu'il trouble, un précipité catéristique insoluble de carbonate de chaux. Réduit, au rouge, par le charbon : $CO^2 + C = 2CO$. Décomposé par la *chlorophylle* sous l'action de la lumière solaire. — N'entretient pas la respiration, mais n'est pas délétère.

Préparation. Se recueille sur l'eau.

A froid . . . $CaO,CO^2 + HCl = CO^2 + CaCl + HO.$
Id. . . . $CaO,CO^2 + SO^3,HO = CO^2 + CaO,SO^3 + HO.$
Au rouge . . $CaO,CO^2 = CO^2 + CaO.$

OXYDE DE CARBONE. CO. — Gaz incolore, inodore, insipide, un peu moins dense que l'air, peu soluble. — *Combustible*, brûle avec une *flamme bleue* caractéristique : $CO + O = CO^2$. *Éminemment délétère*. Se produit chaque fois que du charbon ou tout autre combustible carboné brûle dans une quantité insuffisante d'air : dangers des *poêles mobiles*, dangers d'un *tirage insuffisant* dans l'emploi des autres appareils de chauffage.

Préparation. Se recueille sur l'eau.

Au rouge... $CO^2 + C = 2CO.$
A chaud... $CO,CO^2,HO + SO^3,HO = CO + CO^2 + SO^3,2HO.$

Dans les deux cas, flacon laveur à potasse, pour absorber le CO^2.

Remarque. — La formule CO,CO^2,HO est celle de l'acide oxalique.

SULFURE DE CARBONE. CS^2 — Liquide incolore, mobile, plus dense que l'eau. *Odeur fétide* de choux pourris quand il est impur. Dissolvant le caoutchouc, qu'il rend élastique à toute température (caoutchouc vulcanisé), les corps gras, le soufre cristallisable, le phosphore ordinaire, etc. — *Combustible*, brûle avec une flamme bleue : $CS^2 + 6O = CO^2 + 2SO^2$. Vapeurs lourdes, donnant des mélanges explosifs dangereux. — Insecticide (phylloxera).

Préparation. Par distillation. Se recueille *sous l'eau*.

Au rouge. . . $C + 2S = CS^2.$

CYANOGÈNE. C^2Az (Gay-Lussac). — Gaz incolore, *vénéneux*, odeur pénétrante d'acide cyanhydrique, très dense. Soluble dans l'eau. Brûle avec une *flamme pourpre* caractéristique. *Radical* chimique analogue au chlore.

Préparation. Se recueille sur le mercure.

Par calcination. . . . $Hg (C^2Az) = C^2Az + Hg.$

Remarque. — Une fraction du cyanogène reste dans la cornue à l'état de *paracyanogène*, corps solide noir, variété de cyanogène.

Acide cyanhydrique. $H(C^2Az)$. — Appelé encore *acide prussique* (Scheele). Préexiste dans les noyaux de pêches d'abricots (amygdaline). Liquide incolore, soluble dans l'eau, *odeur d'essence d'amandes amères* (kirsch) caractéristique. *Très vénéneux.* Chimiquement analogue à l'acide chlorhydrique (HCl).

Préparation. Par distillation.

À chaud. . . $Hg(C^2Az) + HCl = H(C^2Az) + HgCl.$

Remarque. — La formule $Hg(C^2Az)$ représente du *cyanure de mercure.*

Acétylène. C^4H^2. — Gaz incolore, à odeur empyreumatique, un peu moins dense que l'air, assez soluble dans l'eau. Brûle avec une *flamme un peu fuligineuse* et production d'acide carbonique (CO^2) et de vapeur d'eau. (HO). Mélanges explosifs avec l'air. — *Obtenu par synthèse* (Berthelot), par combinaison du carbone et de l'hydrogène sous l'influence de l'arc voltaïque :

$$4C + 2H = C^4H^2.$$

Benzine. $C^{12}H^6$. — Liquide qui s'extrait des *huiles légères* du goudron de houille. Incolore, mobile, *odeur particulière*, insoluble dans l'eau, dissolvant les corps gras. Brûle avec une flamme *fuligineuse* (mêmes produits que le C^4H^2). Transformé en *nitrobenzine* $(C^{12}H^5AzO^4)$, liquide à odeur d'essence d'amandes amères, par l'acide azotique *fumant*, c'est-à-dire, saturé d'acide hypoazotique (AzO^4).— *Obtenu par synthèse* en soumettant l'acétylène à l'action de la chaleur :

$$3C^4H^2 = C^{12}H^6.$$

Gaz oléfiant (bicarbure d'hydrogène, éthylène). C^4H^4.—Gaz incolore, légèrement odorant, insipide, moins dense que l'air, peu soluble. Brûle avec une flamme *très éclairante* (mêmes produits que le C^4H^2). Mélanges explosifs avec l'air. Donne avec le chlore, à volumes égaux, sous l'influence de la lumière solaire, de *l'huile des Hollandais :* $C^4H^4 + 2Cl = C^4H^4Cl^2$, — Obtenu par *synthèse* en chauffan l'acétylène (C^4H^2) avec de hydrogène :

$$C^4H^2 + 2H = C^4H^4.$$

Préparation. En déshydratant, à 160°, l'alcool ($C^4H^6O^2$) par l'acide sulfurique (SO^3,HO). Se recueille sur l'eau.

$$C^4H^6O^3 - 2HO = C^4H^4.$$

Flacon laveur à acide sulfurique pour absorber l'éther (C^4H^5O) formé.

Gaz des marais (protocarbure d'hydrogène, formène). C^2H^4. — Produit de la décomposition de l'éthylène (C^4H^4) par la chaleur. *Le moins dense de tous les gaz, après l'hydrogène.* Incolore, inodore, insipide, très peu soluble, Brûle avec une *flamme éclairante* (mêmes produits que le C^4H^2). Mélanges explosifs avec l'air (feu grisou).

Préparation. En calcinant un mélange d'acétate de soude ($NaO,C^4H^3O^3$) et de *chaux sodée.* Se recueille sur l'eau.

$$NaO,C^4H^3O^3 + NaO,HO = C^2H^4 + 2 (NaO,CO^2).$$

Silice (silex, quartz, sable, grès). SiO^2. — Corps solide, cristallisant en prismes hexagonaux terminés par des pyramides hexagonales (quartz), se présentant à l'état de poussière blanche insoluble, *très dure* (silice anhydre), ou à l'état de *silice gélatineuse hydratée*, très légèrement soluble dans l'eau acidulée. Inattaquable par tous les acides, sauf l'acide fluorhydrique (HFl) ; d'où la *gravure sur verre.* Doit être considéré comme un acide (*acide silicique*), puisqu'il chasse les acides volatils (l'acide carbonique, p. ex.) de leurs combinaisons avec les bases.

Préparation. 1° *Silice gélatineuse :*

$$NaO, SiO^2 + HCl = SiO^2,HO + NaCl.$$

2° *Silice ordinaire.* Par calcination de la silice gélatineuse.

Remarque. — L'argile, les poteries, les verres, etc., sont des *silicates.*

COMPOSITIONS DE CHIMIE

DONNÉES A LA SORBONNE

Depuis 1882 (origine de l'épreuve) jusqu'en 1890.

1. Acide carbonique. Modes de production	Demandé	11	fois.
2. Ammoniac	—	7	—
3. Oxyde de carbone. Modes de production	—	5	—
4. Carbone	—	4	—
5. Eau	—	3	—
6. Air	—	3	—
7. Hydrogène	—	3	—
8. Oxygène. — Combustion	—	2	—
9. Acide azotique	—	2	—
10. Acide chlorhydrique	—	2	—
11. Acide sulfhydrique	—	2	—
12. Phosphore ordinaire, phosphore rouge	—	2	—
13. Lois des combinaisons en poids et en volume	—	2	—
14. Soufre	—	1	—
15. Chlore	—	1	—
16. Iode	—	1	—

TABLE DES MATIÈRES.

Pagination incorrecte — date incorrecte

NF Z 43-120-12

Imp. de la Soc. de Typ.—Noizette, 8, r. Campagne-1re, Paris.

EXTRAIT DU PROGRAMME OFFICIEL

DE L'EXAMEN DU

BACCALAURÉAT ÈS LETTRES

(PLAN D'ÉTUDES DU 28 JANVIER 1890).

CHIMIE

NOTA. — Les nombres entre parenthèses renvoient aux pages du MÉMENTO où la question est traitée.

Corps simples et corps composés (p. 1).

Eau : analyse et synthèse (p. 24). — Hydrogène (p. 21). — Oxygène (p. 15).

Air : analyse (p. 33). — Azote (p. 31).

Combustion (p. 18). — Notions générales sur la combinaison chimique (p. 2). — Chaleur dégagée (p. 2). — Changement de propriétés (p. 2).

Principe de la nomenclature (p. 5) et de la notation (p. 11) chimiques.

Acides (p. 7). — Bases (p. 8).

Oxydes de l'azote (p. 37). — Acide azotique (p. 39). — Ammoniaque (p. 42).

Lois des combinaisons en poids et en volume (p. 3).

Chlore (p. 46). — Acide chlorhydrique (p. 50). — Eau régale (p. 51). — Iode (p. 53).

Soufre (p. 54). — Acide sulfureux (p. 56). — Acide sulfurique (p. 58). — Acide sulfhydrique (p. 61).

Ce petit livre est le résumé de mes leçons aux élèves des classes de Lettres du Lycée de Marseille.

Les candidats au Baccalauréat ès lettres pourront l'étudier avec profit vers la fin de l'année scolaire, car toutes les questions du Programme officiel de 1890 y sont traitées avec un développement suffisant.

Le Formulaire qui suit le Mémento leur permettra, la veille même de l'examen, de jeter sur la Chimie un dernier coup d'œil.

P. B.-R.

Nota.— Les paragraphes en petits caractères traitent de questions qui ne sont contenues qu'implicitement dans le Programme, et qui, cependant, ont été posées aux examens oraux de la Sorbonne.

ABRÉVIATIONS

D. . . . . . . Densité par rapport à l'eau (solides et liquides).
d. . . . . . . Densité par rapport à l'air (gaz et vapeurs).
M. . . . . Métal quelconque.
équiv. . . . Équivalent.
vol. . . . . Volume.
gr. . . . . . Gramme.

9 782016 131473